JN221397

IEC 61850
システム構成記述言語 SCL

―電力システム設計者のための解説と記述例―

天雨　徹【編】
坂　泰孝【著】

コロナ社

は じ め に

近年電力システムにおいて，より一層のデジタライゼーションが進展する中で，新たな情報通信技術としておもに変電所保護監視制御システムに適用される IEC 61850 が注目を浴びている。IEC 61850 は，変電所保護監視制御システム内の保護リレーや制御装置，あるいは変電所保護監視制御システムと給電・制御所のシステムが相互に連携して電力系統を制御する電力供給システムにおける中核的な役割を担うものであり，その適用範囲が拡大している。

IEC 61850 を単なる情報通信の手段としてシステムに適用することも可能であるが，IEC 61850 はシステム構成記述言語 SCL（system configuration description language）を用いたエンジニアリング手法も包含した規格という特徴がある。IEC 61850 は，異なるメーカの装置およびシステム間の相互接続性を担保するための方策の一つとして，規格によりシステム構成記述言語が SCL として規定されている。SCL により，変電所仕様やシステム仕様および各装置の設定情報が表現され，設定ファイルとして保存される。この SCL を用いたエンジニアリングこそが，相互接続性だけでなく，システム設計の効率化の大きな利点である。また，この SCL を理解することで，システム設計，ツール開発，運用性の向上を図り，これまでにない新たな装置・システムを構築することが可能となりうる。

前著「IEC 61850 を適用した電力ネットワーク　－スマートグリッドを支える変電所自動化システム－」（コロナ社，2020）において，国内初となる本格的な IEC 61850 の解説と，特に変電所保護監視制御システムの実態，課題，将来動向などを体系的にまとめている。本書では，IEC 61850 のシステム構成記述言語である SCL に特化した解説と，規格の動向を踏まえつつ，筆者らが描く将来構想などをまとめた。

具体的なSCLの内容は本文で述べることとするが，まずはSCLに関心のある読者が持つ「なぜSCLが必要となるのか，その理由はなにか」といった問いに答える必要があるだろう。変電所構内には保護リレー装置や監視制御装置，遮断器，開閉器，変圧器などに用いられる複数のIED（intelligent electronics device）が存在し，これらが相互に連携してシステムを構成している。IEDは，保護や監視，制御などの機能を担った装置である。IEDは，たとえ異なるメーカ間であっても相互に情報を交換し，シームレスに動作するシステムを構築することが必要とされる。

SCLは，異なるメーカのIED間で相互運用性確保の手段の一つとして使用される共通のシステム構成記述言語である。従来のようにそれぞれのメーカが独自の方法で設定を記述するのではなく，SCLを用いることで統一された仕様に基づいて設定を行うことができるのである。SCLが重要な理由を以下に示す。

〔1〕 相互運用性の確保

異なるメーカのIED間でスムーズな相互運用性を実現できる。これにより，変電所内の機器が連携し，信頼性の高い電力供給が可能となる。

〔2〕 効率的な設定と展開

異なるメーカのIEDであっても，SCLにて記述される設定情報を各メーカが提供する設定ツールを使い効率的に展開できる。また，大規模な電力システムでも統一された手法で設定を行うことが可能となる。

〔3〕 柔軟な拡張性

SCLには拡張性があり，将来的な変更やアップグレードにも対応できる設計になっている。このため，電力ネットワークの拡張や変更に伴う変電所保護監視制御システムの更新にもスムーズに対応できる。

〔4〕 標準化の促進

IEC 61850は国際的な標準規格であり，SCLの適用は電力産業全体で共通の枠組みを提供することとなる。これにより，異なる国や地域間でも一貫性のある設計が可能となる。

以上のようにSCLは変電所や電力ネットワークの運用をより信頼性高く，効率的にし，将来の拡張性を確保するために欠かせない要素となっている。SCLは，これまで多大な労力と時間を費やしていた「設計業務」からの解放をもたらすものである。

メーカやエンジニア，運用者，行政府（規制当局）など，電力ネットワークの業務に関わるすべての人々がSCLの重要性を理解し，IEC 61850の適用を進めることで，より安定した電力供給が実現できる，そんな社会の実現が期待できる。

本書は，わが国のこの分野において今後，リーダーシップを発揮するであろう電力ネットワーク専門技術者を念頭において作成したものであるが，こうした技術者だけでなく，電力工学を学ぶ学生にも理解しやすくまとめており，電力システム工学などの参考書として積極的に活用していただければ幸いである。

本書が変電所保護監視制御システム設計者のみならず，これら電力ネットワークについて関心を持っておられる方々にとって，少しでも役に立つものとなれば望外の喜びである。

本書完成にあたっては，田中 立二 氏，浜松 浩一 氏，瀬戸 好弘 氏，大谷 哲夫 氏，漁野 康紀 氏に多大な協力をいただいた。厚く御礼申し上げる。

また，コロナ社の方々には終始貴重な助言と励ましをいただいた。感謝の言葉もない。

2024年11月

天雨　徹，坂　泰孝

目　　次

1. 序　　章

2. 変電所保護監視制御システムのエンジニアリング

3. SCL の利活用

4. SCL ファイルの構造

5. ケーススタディと SCL サンプル

付録 A　XML について

付録B　UML について

※　5章で用いる，SCD ファイルの記述例（コメント付き）は下記 URL および二次元コードより，コロナ社 HP 上にて入手できる（2024 年 11 月現在）。

https://www.coronasha.co.jp/np/isbn/9784339009934
（**解凍用パスワード**：coronashaIEC）

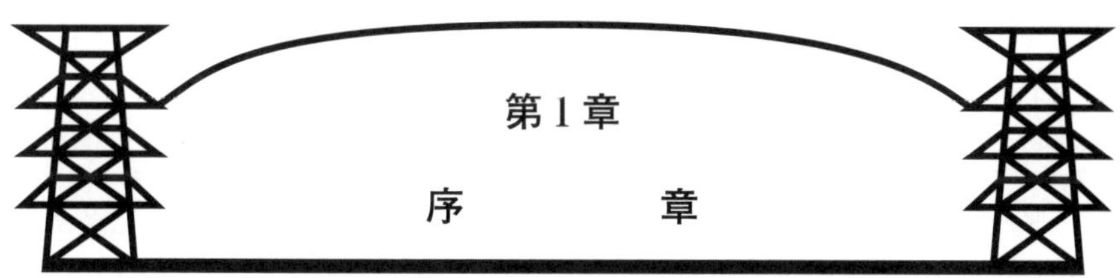

第1章 序章

IEC 61850は，前著「IEC 61850を適用した電力ネットワーク－スマートグリッドを支える変電所自動化システム－」[1)†]にて述べたように，変電所保護監視制御システムを対象としている，異なるメーカ製装置の相互接続（データ交換）を可能とするための国際的な標準規格であり，変電所構内のみならず変電所間や電力ネットワークの運用・保守においても重要な役割を果たしている。IEC 61850は，機能（アプリケーション）と通信方式を分離し，前者のアプリケーションに関しては，通信データと通信サービスを標準化することにより将来新たな通信方式を適用した場合でもアプリケーションを変えずに再利用できること，後者の通信方式に関しては既存のオープンなプロトコル（**IEC**：International Electrotechnical Commission，**IEEE**：Institute of Electrical and Electronics Engineersなどで規定されるプロトコル）を最大限適用することを基本的な考え方としている。前著[1)]において，IEC 61850の概要，体系，エンジニアリングについて整理し，紹介しているため，上記の詳細について参照願いたい。

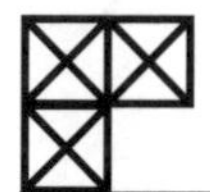

1.1 本書のメインテーマ

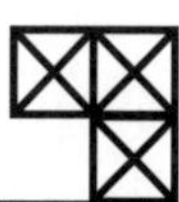

本書のメインテーマは，IEC 61850にて規定される**SCL**（system configuration description language）である。また，IEC 61850を適用した変電所保護監視制御システムの構成（フルデジタル）についても触れている。

† 肩付きの番号は，章末の引用・参考文献を示す。

IEC 61850 の適用は，単なるフルデジタル化ではなく，フルデジタル化を実現したその先のエンジニアリング業務に多大な変革をもたらす可能性がある。その中核をなすのが SCL である。

SCL とは，IEC 61850 において，変電所や電力ネットワークの仕様および設定，通信に関する情報を記述するための言語であり，それら言語の文法が定義されている[2)]。

SCL は **XML**（extensible markup language）をベースとした言語である。XML ベースの言語はさまざまな分野で広く採用されており，その理由として，以下のような特性がある。

〔1〕 可読性と自動処理

XML はテキストベースの言語であり，タグ（tag）を使用してデータを表現するため，人間が直接読むことも，プログラムによって処理することも容易である。これにより，エラーチェックやデバッグが容易となる。

〔2〕 自己記述性

XML はデータの構造を自己記述的に表現する。これにより異なるシステムやプラットフォーム間でもデータの意味が維持され，相互運用性が確保される。

〔3〕 拡　張　性

XML はタグを自由に定義できるため，さまざまな用途やデータ構造に対して柔軟に対応することが可能である。これにより，特定の分野やアプリケーションに特化した XML ベースの言語（SCL など）を作成することが可能となる。

〔4〕 標　準　化

XML は，多くのプログラミング言語やツールが XML の読書きをサポートしている。これにより，XML データを生成，解析，変換するためのライブラリやツールを容易に利用することができる。

これらの特性により，XML ベースの言語は多くの分野で広く活用されている。特に，異なるシステム間でのデータ交換や設定情報の表現において，その有用性が認識されている。

IEC 61850準拠システムの新設・更新・増設において，SCLを正しく理解し，活用することで「トップダウン方式」のエンジニアリング（2.4節にて後述）が可能となりうる。そして，このトップダウン方式のエンジニアリングが業務効率化の強力な手段となりうる。また，上記事項を達成するためには，さまざまなツール（3章にて後述）が必要となり，それらツールの開発や，システム構築と導入にあたり，ユーザおよびメーカのIEC 61850システムに携わるエンジニアとして，SCLを理解しておく必要がある。

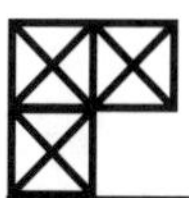

1.2 SCLの役割と特徴

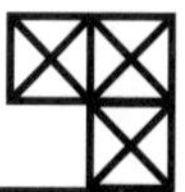

1.2.1 SCLの役割

SCLとは，前述のとおりXMLに基づいた，システム構成および設定を記述するために規定される言語である。IEC 61850では，SCLにより記述される各種設定ファイルを介し，変電所に設置する各種装置とそれらを組み合わせて構築するシステム全体のエンジニアリングを実施する。SCLの記述方法は規格にて規定されるため，SCLに基づく設定ファイルは，メーカに依存することなくプログラムやソフトウェアツールによる自動処理が可能となる。SCLについては4章にて詳述するが，おもに以下のような情報が記述される。

〔1〕 ネットワークトポロジー

変電所構内の機器や装置の接続関係や配置を定義する。

〔2〕 装置設定

計測器や保護装置，制御装置などの設定や動作条件を記述する。

〔3〕 通信設定

機器－装置間での通信プロトコルやデータ交換方式，アクセスポイントの定義などを指定する。

〔4〕 データモデル

装置に実装される機能および通信に使用するデータの意味やフォーマットを定義する。

SCLは，変電所などに設置される機器・装置の機能，それをとりまく情報を記述することができるように工夫された言語である。例えば，装置単体が具備する機能をはじめ，装置間で実現する機能，変電所仕様（機器構成や機器と装置の関わり，装置配置など），変電所構内通信ネットワークの接続設定などを言語として表現できる。このため，システム設計業務の大部分をSCLによる設定ファイルの作成により実施することが可能となる。

1.2.2 SCL の 特 徴

SCLを用いることで享受できる恩恵を簡単に説明すると以下のとおりである。

〔1〕 相互運用性（インタオペラビリティ）

異なるメーカの機器やシステム間での相互運用性が向上する。IEC 61850の適用により，マルチメーカの機器が共通の通信プロトコルとデータモデルを使用できるため，システムの統合や拡張が容易となる。

〔2〕 データの整合性

変電所構内の機器や装置の接続関係や設定が正確に定義されるため，運用・保守作業の効率化やデータの信頼性の向上を図ることができる。

〔3〕 プロジェクトの効率化

変電所の構成や設定をファイルで管理できるため，プロジェクトの設計，開発，試験が簡素化される。また，変更の際にも手作業での修正を最小限に抑えることができる。

〔4〕 サイバーセキュリティの向上

データの整合性を維持し，設定変更を正確かつ安全に行うことができ，サイバーセキュリティの向上が期待できる。

〔5〕 拡 張 性

SCLはIEC 61850で規定（標準化）されており，かつ柔軟な拡張性を持つ。このため新たな機能や用途が必要な場合でも，既存のSCLベースのシステムに容易に組み込むことができる。

以上，SCLを使用することで，異なるメーカ製の装置でシステムを構築する場合であっても機器や装置が共通の情報形式でデータを交換できるため，システムの相互運用性が向上する。また，変電所の設定や通信の設定を構造化されたファイルで管理できるため，プロジェクトの効率化や保守作業の簡素化がなされている。

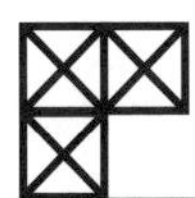

1.3 SCLの将来性とSCLを活用したエンジニアリング業務の可能性

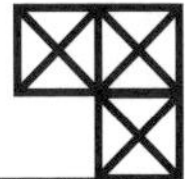

1.3.1 SCLの将来性

SCLの重要度は今後大きくなると期待される。その理由は，以下による。

〔1〕 スマートグリッドの発展

電力供給システムのデジタル化と自動化が進む中で，変電所の運用と管理をより効率的に行うために，SCLのようなシステム構成記述言語が重要になる。

〔2〕 相互運用性の向上

異なるメーカ製の装置間でも通信設定を標準化することで，相互運用性を大幅に向上させることができる。システムの柔軟性と拡張性の向上が期待できる。

〔3〕 設定の効率化とミスの削減

SCLを使用すると，設定情報を再利用することが可能となり，新しい機器の設定作業を効率化し，設定ミスを削減できる。ただし，SCLを完全に活用するには，関連技術者の教育と訓練，既存の機器との互換性や，新たなセキュリティ課題なども考慮する必要があるだろう。

1.3.2 SCLを活用したエンジニアリング業務の可能性

国内電力会社の従来業務において，変電所を新設あるいは更新するにあたり，導入するシステム・装置の仕様検討，基本設計をはじめ，電力用変圧器や開閉器など機器構成，資材調達，装置実装，装置間・機器間の接続設定（制御ケーブルによる接続設計）など，さまざまな業務が発生する。これらの業務にて作成する資料は，Word による文書作成，Excel による表計算・図面作成，CAD 等の製図ソフトによる図面作成などにより，電子データとして保管・蓄積され，将来業務の参考資料として使用されている。

しかしながら，これらの資料は，文章，図面としての情報のみを有しており，別の類似業務への展開を行う場合には，それに適合するように文章の一部変更や図面の修正などを行って新しく文書や図面を作成している。例えばまったく同一構成の変電所であれば，文書も図面も変更なく流用できる可能性があるが，機器仕様や装置仕様などが異なれば関連する文書や図面を漏れなく変更することが必要になる。また，機器・装置の据付位置や距離が異なると，その間をつなぐ制御ケーブルのサイズや長さ，さらにはその布設ルートやケーブルピットの再検討など多岐にわたる文書・図面の変更や修正が必要になる。これまで，上記を人間系により実施しており，膨大な労力と時間を要していた。

一方，IEC 61850 を適用した変電所保護監視制御システムでは，各装置仕様を充足するソフトウェア選定・実装や装置間の接続設定をはじめ，システム構築に必要な情報（これまで各種業務にて作成していた資料の内容）が SCL にて表現されることとなる。SCL により，さまざまな設定情報が機械可読となるため，装置仕様ならびに，装置間の接続設定，さらにはシステム構成および機器構成の自動認識が可能となり，エンジニアリング業務の自動化を望むことができる。将来的に，単線結線図も SCL をもとに描画，もしくは単線結線図から SCL へ変換することで変電所保護監視制御システムの基本設計および構築が完了するエンジニアリングを実現できる可能性がある。すなわち，これまで膨大に労力と時間を費やしていた「設計業務からの解放」が望めるのである。エンジニアリング業務の自動化の概念図を**図 1.1** に示す。

変電所保護監視制御システムの構成，そのシステムを構築する各装置の機能，装置間の論理的な接続関係，変電所構成や仕様，通信ネットワーク設定の内容が SCL に基づいた設定ファイルとして記述される。この設定ファイルを媒介することにより，さまざまなエンジニアリング業務に利活用が可能となる。

図 1.1 に示したエンジニアリング業務の自動化の構想については，詳細を 3

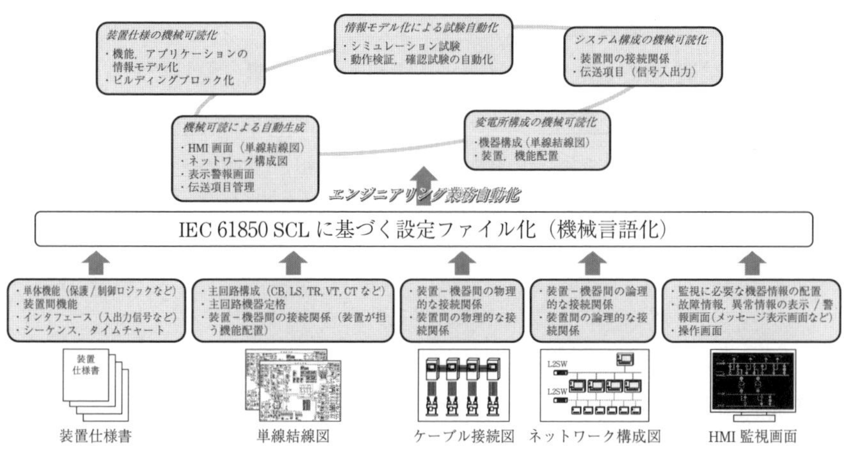

図 1.1 エンジニアリング業務の自動化の概念図（文献 3）の Figure 3-3 に基づき，変電所システムへ適用した場合の概念図として作成）

章に記載しているため，参照されたい。

SCL を解説する前に，変電所保護監視制御システム構成[4)]について説明し，IEC 61850 適用によりシステム構成がどのように変化していくのか紹介する。

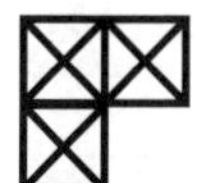

1.4 変電所保護監視制御システム

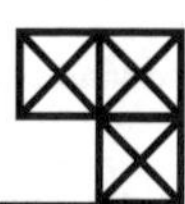

本書で述べる変電所保護監視制御システムは，おもに，変電所構内に設置される「保護リレー装置」「監視制御装置」「遠隔監視制御装置」から構成される。各種装置について本節で概略を述べるが，変電所保護監視制御システムの詳細については，前著[1)]を参照願いたい。

1.4.1 保護リレー装置

保護リレー装置とは，保護リレーユニットを搭載した装置（盤）である。電力系統内に発生した短絡や地絡事故などの異常状態をすみやかに検出して事故を除去し，公衆の安全確保・事故設備の損傷軽減と系統の安定運転継続を図るための機能を有する装置である。

1.4.2 監視制御装置

監視制御装置とは，監視制御ユニットを搭載した装置（盤）である。電力系統の切替を行うための遮断器などの開閉制御や各種機能の使用/不使用切替のためのスイッチ制御，系統運用状態表示による監視，計測など，変電所の監視操作機能を有する装置である。また，電力設備の自動制御，事故部位の自動復旧，運転・保守支援などの機能を備えている。

1.4.3 遠隔監視制御装置

遠隔監視制御装置とは，給電・制御所からの伝送路を介して送信される制御指令を監視制御装置および保護リレー装置へと伝達する機能，監視制御装置や保護リレー装置が有する系統運用状態情報および計測情報を給電・制御所へ伝送路を介して送信する機能を備えている，いわば遠隔地とのインタフェース装置である。

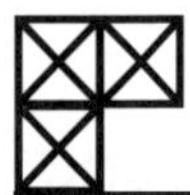

1.5 IEC 61850を適用したシステムの構成

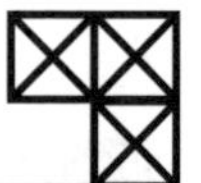

IEC 61850では，保護リレー装置および監視制御装置，もしくはそれらの統合装置を総称して**IED**（intellgent electronics device）と呼ぶ。遠隔監視制御装置は，**Proxy/Gateway**と呼称される。また，機器に内蔵または近傍に設置され，機器の操作出力などの機器との入出力機能を有し，さらに**計器用変成器**（**VT**：voltage transformer，**CT**：current transformer）出力のアナログ／デジタル変換を実施する装置はマージングユニット（**MU**：merging unit），あるいは**SAMU**（stand-alone merging unit）と呼称される。機器との入出力機能のみを有する装置は**BIED**（breaker IED），あるいは**SIU**（switchgear interface unit）と呼ばれる場合がある。保護リレー装置および国内における各装置の呼称とIEC 61850における各装置の呼称の比較を**表1.1**にまとめる。

また，IEC 61850を適用したシステムでは，**図1.2**に示すように，変電所保護監視制御システムを「ステーションレベル」「ベイレベル」「プロセスレベ

表 1.1 各装置の呼称の比較

用途	国内	IEC 61850
保護	保護リレー装置	IED
監視制御	監視制御装置	
遠隔監視制御	遠隔監視制御装置（TC）	Proxy/Gateway
現地機器 デジタル入力変換		MU

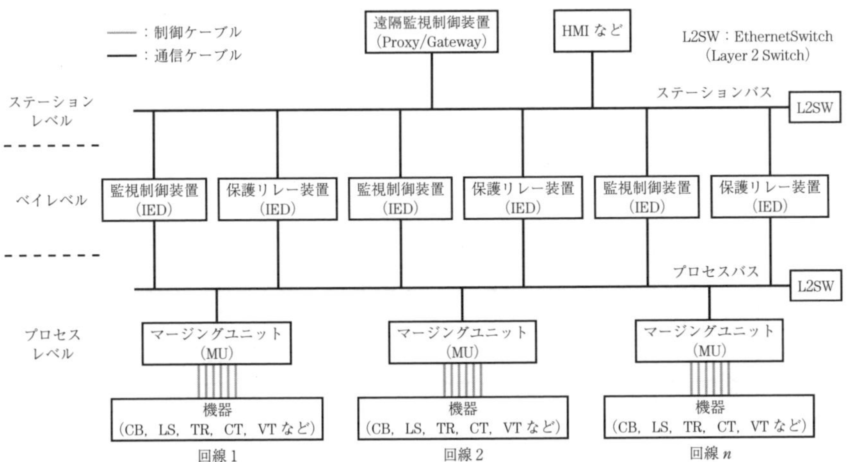

図 1.2 IEC 61850 の三つの階層と構内通信ネットワーク

ル」として，三つの階層（レベル）に分類し，各レベルをつなぐ通信ネットワークはそれぞれ**ステーションバス**，**プロセスバス**として定義される。

ステーションレベルとは，変電所全体の制御機能や監視機能を担う装置が配置される階層であり，ベイレベルに配置される IED の情報収集，監視制御を行う。**ベイレベル**とは，各回線単位に配置される保護機能や制御機能を担う装置（IED など）が配置される階層である。**プロセスレベル**とは，現地機器（機器やその近傍に設置される制御回路など）の階層であり，MU が配置される。

ステーションバスおよびプロセスバスのデータ通信は，IEC 61850 にて定義される**抽象通信サービス**（**ACSI**：abstract communication service interface；以下，**IEC 61850 通信**）により行われる[5),6)]。IEC 61850 通信については，前著[1)]

を参照願いたい。

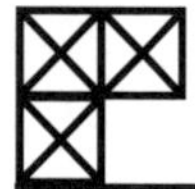

1.6　変電所保護監視制御システム構成の変化

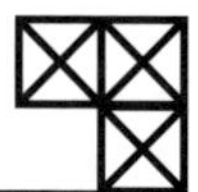

本節では，IEC 61850 適用によって，これまでの変電所保護監視制御システムがフルデジタル化される過程を紹介し，SCL との関わりについて触れる。

なお，本節で説明する変電所保護監視制御システムは，10 回線以上（送電線，複数台の電力用変圧器）を有する大規模変電所を想定する。大規模変電所の単線結線図例を**図 1.3** に示す。

大規模変電所は，電圧階級が高く，絶縁を保つために機器が大型化する。機

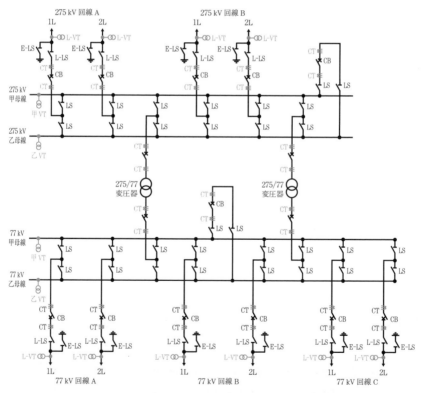

図 1.3　大規模変電所の単線結線図例（装置配置除く）

器を屋外に据え付ける場合，変電所の敷地が大きくなる。したがって，変電所保護監視制御装置から機器までの距離が数百mに及ぶこともある。

1.6.1 これまでの変電所保護監視制御システム構成

国内で適用されてきたアナログ形の変電所保護監視制御システム（以下，従来システム）構成の概略図を**図1.4**に示す。主回路に対して各回線単位に保護リレー装置が配置され，変電所全体もしくは電圧階級単位で集約される監視制御装置と接続される。また，監視制御装置で集約した機器情報や各装置の動作情報が遠隔監視制御装置に接続され，遠方の給電・制御所に伝送される。

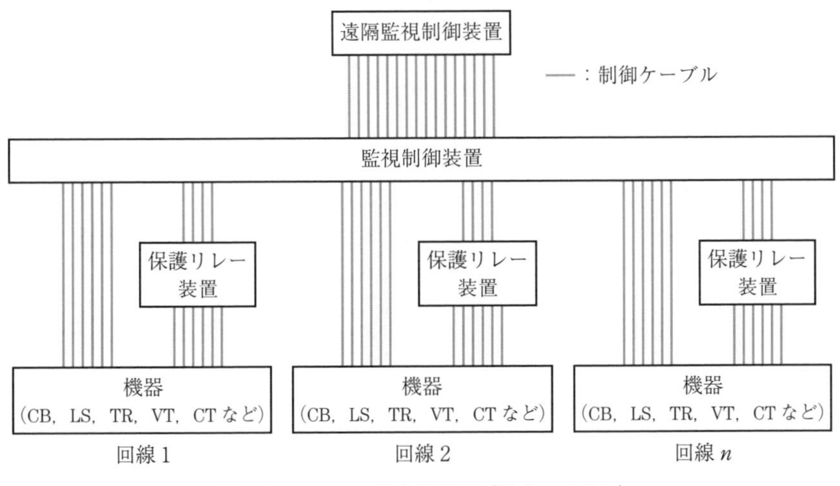

図1.4 システム構成概略図（従来システム）

装置間，および装置－機器間は，制御ケーブルにより接続される。これは，装置間，および装置－機器間の情報交換がVT，CTから入力される電流・電圧，電圧駆動の補助リレー・無電圧接点を介した電圧回路，電流駆動の補助リレーを介した電流回路により実現されるためであり，その回路を1対1で制御ケーブルにて構築するため，必然的に設備数や装置数が増えるほど制御ケーブルの量が増大する。

また，**図1.5**に装置間接続関係の概略図を示す。計器用変成器（VTやCT），

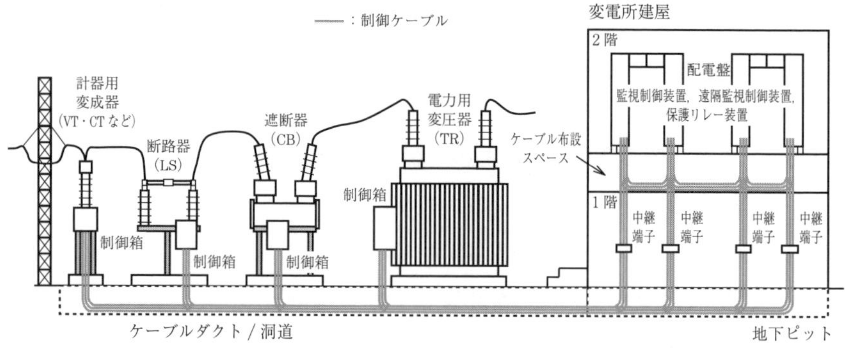

図1.5　装置間接続関係概略図（従来システム）

断路器（**LS**：line switch），**遮断器**（**CB**：circuit breaker），**電力用変圧器**（**TR**：power transformer）などの機器には，現地制御箱が設けられる。これら制御箱には，計器用変成器の二次回路や機器状態を表す回路が端子台に引き出されており，これらの端子台と変電所建屋に設置される保護リレー装置や監視制御装置などの各種装置が制御ケーブルにより接続される。例えば，遮断器の制御箱には，遮断器の投入・開放制御回路，遮断器投入状態を表す**補助開閉器**（一般にパレットと呼ぶ）回路，ガス遮断器（**GCB**：gas circuit breaker）であればガス圧異常有無など遮断器の健全状態を表現する回路などさまざまな回路が端子台に引き出されている。

一方，変電所建屋内に目を向けると，機器から布設される制御ケーブルを保護リレー装置や監視制御装置に接続する必要がある。さらに，保護リレー装置および監視制御装置などの装置間も制御ケーブルを接続する必要がある。よって，布設スペースを多く確保するため，変電所建屋は2階建の構造としている。各種装置は2階に設置されるとともに，1階と2階の間にケーブル布設スペースを確保することが多い。機器からの制御ケーブルは，保護リレー装置や監視制御装置へと接続される前に，変電所建屋1階に設けられるケーブル中継処理室の中継端子で中継される。中継端子を設ける主たる理由は，以下の二つである。一つ目は，屋外の機器から伝搬するサージを屋内装置に持ち込まないことにある。屋外布設には，シース付きの制御ケーブルを適用しており，中継端子にて当該シースを接地することにより，サージをアースに逃がしている。二つ目は，長距離となる制御ケーブルに対し，中継端子による切り分けを可能とし，施工性と保守性を確保するためである。

以上のように，装置間，および装置－機器間の膨大な制御ケーブルの情報（ケーブル線種（太さ，芯数），接続先，用途）は，**ケーブル布設図**として作成される。各機器・装置の入出力接点を**展開接続図**（装置内の電気回路やソフトウェアの論理回路が記載された図面）から人間系により把握し，接続関係を整理する必要があるため，ケーブル布設図作成に多大な時間を要している。

電力会社の中には，監視制御装置を回線単位に設け（送電線などの制御範囲を一つのブロックとし），各監視制御装置間，遠隔監視制御装置－監視制御装置間に**LAN**による通信ネットワークを構築している場合もある。この場合，装置間の情報交換は，通信ケーブル（LANケーブル，光ケーブル）を介したデータの送受信により実現されるため，一定数の建屋内制御ケーブルは削減されるものの，機器や保護リレー装置に接続される制御ケーブルは依然として多数残されている。

1.6.2　IEC 61850を適用した変電所保護監視制御システム構成（ステーションバス）

IEC 61850を適用した変電所保護監視制御システム（以下，61850システム）のうち，ステーションレベルにのみIEC 61850を適用した場合のシステム構成概略図を**図1.6**に示す。

図1.6において，監視制御装置および保護リレー装置は，従来システムと同様に機器と制御ケーブルにより接続されるが，遠隔監視制御装置はステーションバスを形成する通信ケーブルにより接続される。監視制御装置および保護リレー装置を担うIEDは，おのおのがSCLにて表現される各種設定ファイルを有する。**図1.7**にステーションバスを適用した場合における装置間接続関係の概略図を示す。

図1.7に示すように，通信ケーブルによるステーションバス構築により装置

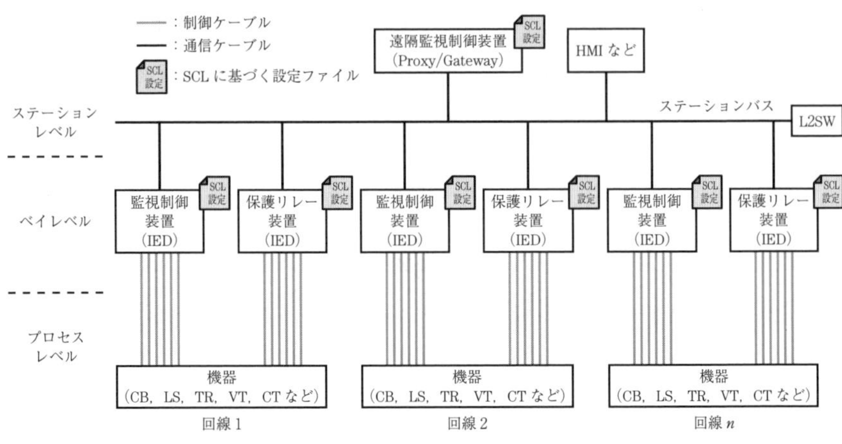

図 1.6　システム構成概略図（61850 システム：ステーションバス適用）

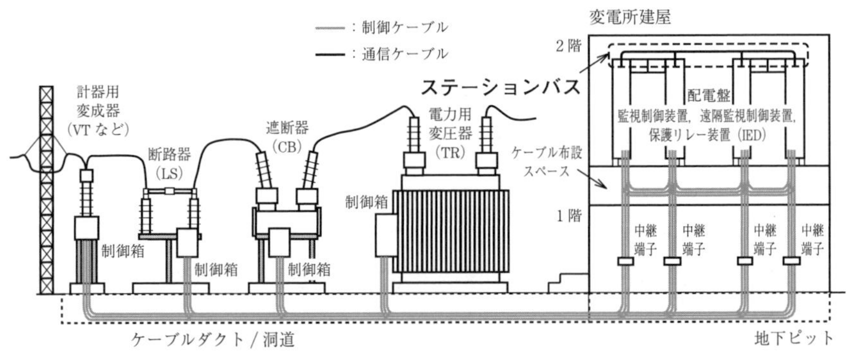

図 1.7　装置間接続関係概略図（61850 システム：ステーションバス適用）

－装置間の制御ケーブルが不要となる（ケーブル布設スペースの制御ケーブル数削減)。必要となる通信ケーブルは，本数も限られるため，2 階の天井吊りラック適用などが可能となる。また，ケーブル布設スペースに通信ケーブル用ラックを設け，ステーションバスを収容するなどの施工も考えられる。

ステーションバス適用により，装置間の情報交換は，IEC 61850 通信により実施される。また，装置間で送受信される情報の内容，情報の送受信先の設定，各種装置仕様（具備機能，IP アドレス）などの設定情報は，SCL で表現されることになる。そのため，ステーションバスに関しては，従来作成していたケーブル布設図の作成業務が不要となる。また，施工面では，通信ケーブルによる接続が可能となるため，装置間の膨大な制御ケーブル数量や布設作業の削減が可能となる。

1.6.3　IEC 61850 を適用した変電所保護監視制御システム構成（フルデジタル）

61850 システムのうち，ステーションレベル，ベイレベル，およびプロセスレベルのすべてに IEC 61850 を適用したフルデジタル変電所のシステム構成概略図を**図 1.8** に示す。

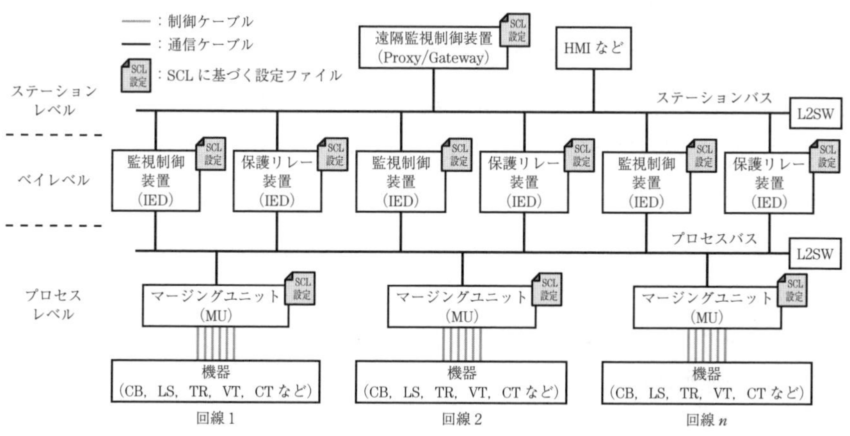

図 1.8　システム構成概略図（61850 システム：フルデジタル）

図 1.8 に示すとおり，機器には，アナログ／デジタル変換を行い，かつ IEC 61850 の通信が可能な MU を実装する。そのため，遠隔監視制御装置から機器に至るまですべてに，ステーションバスとプロセスバスが形成され，ほぼすべての装置が通信により情報交換を行うシステム構成となる。

図 1.9 にステーションバスを適用した場合における装置間接続関係の概略図を示す。

図 1.9 に示すように，通信ケーブルによるステーションバスとプロセスバス構築により，以下に示すようなさまざまなメリットを享受することが可能とな

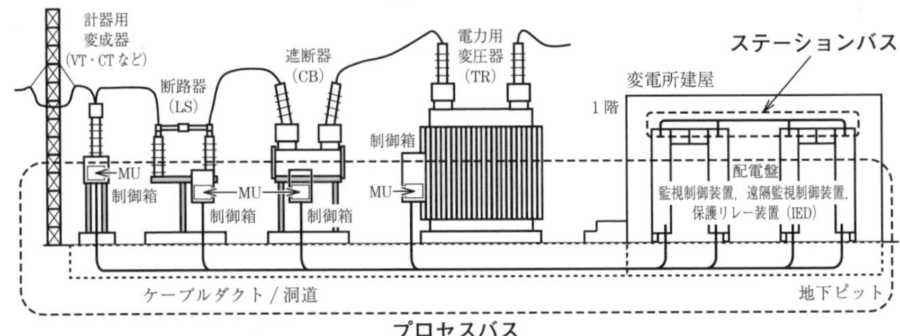

図 1.9　装置間接続関係概略図（61850 システム：フルデジタル）

りうる。

〔1〕 制御ケーブル類の削減

装置間，装置－機器間の入出力信号が通信ケーブルにて実現される。特に，装置－機器間の制御ケーブルのすべてが不要となり，電源供給のための制御ケーブルのみとなるため，大幅に制御ケーブル削減を図ることができる。

必要となる通信ケーブルは，これまでの制御ケーブルに比べ，本数も少数となるため，通信ケーブルとネットワークスイッチを用意するのみでシステム構築が可能となる。

〔2〕 変電所建屋の縮小

上記の制御ケーブル削減により，ケーブル布設スペースの省略を検討することができるのみならず，MU との接続を光ケーブルにて実現すれば，これまで一般的に変電所建屋 1 階に設けていた中継端子およびそのスペースも不要となる可能性がある。将来的に，大規模変電所であっても変電所建屋の縮小化などによる建設費コスト低減も考えられる。

〔3〕 保護制御装置の小型化

各装置の入出力がすべて通信により行われ，従来のアナログ入力回路や接点入出回路が不要となるため，保護リレー装置および監視制御装置も小型化でき，より一層の設置面積の縮小，建物の縮小ができる可能性がある。

〔4〕 **CT コアの削減**

これまで装置や用途ごとに CT コアを分けていたが，MU により現地からデジタル変換が可能となり，マルチキャストにて各装置へ瞬時値（VT，CT 二次値のデジタルデータ）の伝送が可能となるため，CT コアの共用などによる，CT コア数の削減も望める。

以上のように，ステーションバスに加え，プロセスバスの適用により，装置間だけでなく，機器間，装置－機器間の情報交換が，IEC 61850 通信により実施可能となる。ここまでは，フルデジタル化による恩恵である。

さらに，ここから SCL の利点を述べたい。SCL により，変電所仕様（単線結線図情報や装置配置を含めたシステム構成），各種装置仕様（具備機能，IP アドレス），IEC 61850 通信で送受信される情報の内容，情報の送受信先の設定などの設定情報が設定ファイルとして表現される。

そのため，SCL による設定ファイルを媒体として，上記の仕様および設定を自動認識・自動処理することが可能となりうるのである。

これまで，エンジニアリング業務の成果物として作成してきた情報の大部分を SCL にて表現し，設定ファイルとして集約できる。すなわち，SCL に基づく設定ファイルを作成することがエンジニアリング業務において重要かつ主要な業務となる。

SCL に基づく**エンジニアリングプロセス**を確立することで，エンジニアリング業務の効率化を望むことができる。エンジニアリング業務については，2 章にて述べる。また，SCL の利活用については 3 章に詳細を述べる。

引用・参考文献

1）天雨　徹 編著，田中立二，大谷哲夫 共著：IEC 61850 を適用した電力ネットワーク－スマートグリッドを支える変電所自動化システム－，コロナ社（2020）

2) IEC 61850-6:2018 - Communication networks and systems for power utility automation – Part 6: Configuration description language for communication in power utility automation systems related to IEDs（2018）

3) IEC White Paper Semantic interoperability: challenges in the digital transformation age（2019）

4) 変電所監視制御システム技術調査専門委員会 編：変電所監視制御システム技術，電気学会技術報告，No1203（2010）

5) IEC 61850-7-1:2020 - Communication networks and systems for power utility automation – Part 7-1: Basic communication structure - Principles and models（2020）

6) IEC 61850-7-2:2020 - Communication networks and systems for power utility automation – Part 7-2:Basic information and communication structure – Abstract communication service interface (ACSI)（2020）

第2章 変電所保護監視制御システムのエンジニアリング

本章では，変電所保護監視制御システムのエンジニアリングについて述べる。電力会社における変電所保護監視制御システムのエンジニアリングプロセスは，大きく分けて2種類存在する。

一つ目は，開発済の標準装置を適用して実変電所へ導入する場合のエンジニアリング（工事エンジニアリング）である。

二つ目は，実変電所へ導入する新たな装置を開発する場合のエンジニアリング（開発エンジニアリング）である。

本章では，まず従来のエンジニアリングフローの紹介とその課題について整理する。次に，IEC 61850に規定されるエンジニアリングについて説明し，「BAP」について触れる。

そして，3章にて，IEC 61850を適用した場合，従来のエンジニアリングからどのように変化するのか，どのようなエンジニアリング体系を構築できるのか，さらにSCLをどのように利活用できるのか将来展望を述べる。

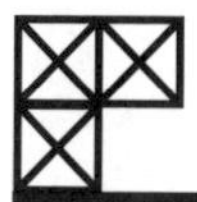

2.1 IEC 61850のエンジニアリング

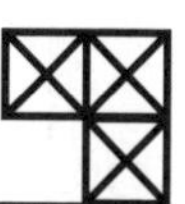

IEC 61850では，SCLの利活用がエンジニアリング業務効率化の中核を担う。以降に，SCLに基づき記述される各種設定ファイル，SCLを用いたエンジニアリングについて紹介する。なお，SCLの利活用については3章にて説明する。また，SCLにより記述される各種ファイル構造や記述内容については，4章にて説明する。

2.1.1 SCLにて記述される各種設定ファイル

IEC 61850で標準として定められるSCLに基づき各種設定ファイルが記述されることにより，システム開発者，工場試験員，ユーザなどの関係者間で，変電所仕様，装置仕様，システム仕様，通信ネットワーク構成を共有でき，共通認識が可能となる。SCLを介することで，各メーカが用意する異なるエンジニアリングツールで作成された各種設定ファイルであっても，読込み，書出しが可能となる[1),2)]。SCLにより記述される各種設定ファイルを**表2.1**に示す。また，SCDファイルの記述概要例を**図2.1**に示す。

表2.1　SCLにより記述される各種設定ファイル

略称	種別	ファイル名称	内容
SSD	クラス（テンプレート）	system speficication description	変電所システム仕様を表現する設定ファイル。機器構成，IED配置，論理ノード配置が記載される（IEDの機能（ICD，IIDファイル）は記述されない）。
SED	インスタンス（実体）	system exchange description	送電線保護など，異なる変電所システム（プロジェクト）間で設定ファイルを交換する際の設定ファイル。詳細はIEC 61850-90-1参照[3)]。
SCD	インスタンス（実体）	system configuration description	変電所システム全体構成を表現する設定ファイル。SSDファイルおよび当該変電所に設置する全IEDのCIDファイルもしくはIIDファイルの内容を統合し，整合処理を施したファイル。
ICD	クラス（テンプレート）	IED capability description	IEDが持つ機能（論理ノードの実装など），データ仕様，通信構成などの実装可能なすべての機能が記述される設定ファイル。ICDファイルを見れば，IEDが持つIEC 61850としての実装仕様を把握可能。
CID	インスタンス（実体）	configured IED description	ICDファイルに記載の機能から取捨選択し，必要な機能の使用設定，通信設定を実施した後の設定ファイルであり，IEDにインストールされる最終段のファイル。 すべての機能を使用する場合，記述内容は，ICDファイルと同等となる。 メーカ独自の処理表現が記述されることもある。
IID	インスタンス（実体）	instantiated IED description	CIDファイルと同様に設定済の内容であり，インスタンス化された設定ファイル（SCDファイルへ挿入可能な形へ加工した設定ファイル）。また，ICTでIED設定内容を変更した場合のICT出力ファイル（IIDをSCTへ入力のうえ，SCDを再生成する）でもある。

SCD ファイル

```
<?xml version="1.0"?>
<SCL xmlns:xsi="http://www.w3.org/2001/XMLSchema-instance" xmlns="http://www.iec.ch/61850/2003/SCL"
version="2007" revision="B" release="3"
xsi:schemaLocation="http://www.iec.ch/61850/2003/SCLfile:///C:/Data/SCLXSD/SCL.2007B4/SCL.xsd">
```

変電所の仕様

SSD ファイルの記述内容

（単線結線図情報，装置配置など）

```
<Substation name="Sample" desc="this is the sample S/S, so it is not complete SCD file">
  <VoltageLevel name="275">
    <LNode iedName = "AAA1" ldInst = "LD1" lnClass = "MMXU" lnInst = "1">
        :
  </VoltageLevel>
        :
  <PowerTransformer name="TR1" Type="PTR">
  <LNode iedName = "BBB1" ldInst = "LD1" lnClass = "YTLC" lnInst = "1">
        :
  </PowerTransformer>
        :
</Substation>
```

システム全体（通信設定）

```
<Communication>
  <SubNetwork name="NW1" type="8-MMS">
```

各 IED（例：AAA1）　各 CID，IID ファイルの記述内容（各 IED の通信設定など）

```
    <ConnectedAP iedName="AAA1" apName="S1">
      <Address>
        :
      </Address>
    </ConnectedAP>
```

各 IED（例：BBB1）　各 CID，IID ファイルの記述内容

```
    <ConnectedAP iedName="BBB1" apName="S1">
      <Address>
        :
      </Address>
    </ConnectedAP>
        :
  </SubNetwork>
</Communication>
```

システム全体（装置仕様・設定）

各 IED（例：AAA1）　各 CID，IID ファイルの記述内容（各 IED の実装機能など）

```
<IED name="AAA1">
  <Services nameLength="64">
    <ConfReportControl max="12"/>
    <GOOSE/>
        :
  </Services>
  <AccessPoint name="S1">
      <Server>
        :
      </Server>
  </AccessPoint>
</IED>
```

各 IED（例：BBB1）　各 CID，IID ファイルの記述内容

```
<IED name="BBB1">
  <Services nameLength="64">
    <ConfReportControl max="12"/>
    <GOOSE/>
        :
  </Services>
  <AccessPoint name="S1">
      <Server>
        :
      </Server>
  </AccessPoint>
</IED>
```

システム全体の DataTypeTemplates

```
<DataTypeTemplates>
        :
</DataTypeTemplates>
```

図 2.1　SCD ファイルの記述概要例

設定ファイルには，クラス（テンプレート）として扱う設定ファイルと，各種仕様および設定を反映させたインスタンス（実体）として扱う設定ファイル大きく分けて2種類が存在する。さらに，図2.1に示したように変電所構成・システムを扱う設定ファイル（SSDファイル，SCDファイル，SEDファイル），各IEDを扱う設定ファイル（ICDファイル，IIDファイル，CIDファイル）が存在する。

SCDファイルには，SSDファイル，各種CIDもしくはIIDファイルにて設定された記述内容が合成され，変電所システム全体構成を表現する設定内容が記述される。

2.1.2 SCLに基づく設定ファイルとエンジニアリングツール

IEC 61850では，表2.1に示した各種設定ファイルを用いてエンジニアリングを実施する。また，IEC 61850では，**表2.2**に示す3種類のエンジニアリングツールによって，用途が区別されている。SST（system specification tool）は変電所システム仕様（主回路構成，機能（論理ノード：LN，データオブジェ

表2.2　各種エンジニアリングツール

略称	ツール名称	概要
SST	system specification tool	変電所システム仕様（単線結線図情報，機能配置（論理ノード配置）など機能仕様）の設定を行うツールである。SSDファイルを生成する。
SCT	system configuration tool	変電所システム全体（システムを構築する各種IEDの関連性）を設定するツールである。SCDファイルを生成する。 システムを構築するIED情報を網羅する全体設計を行う。 既知のIED情報（ICDファイル）やICTなどにより事前設定されたIED情報（IIDファイル）をもとに，システムとしての整合（主回路との各種IEDの関係性，情報の接続関係，インスタンス情報の整合）を図る。
ICT	IED configuration tool	IEDメーカごとに用意されるIEDの設定などを行うツールである（CIDファイルもしくはIIDファイルを生成する）。 各IED個別に通信設定（IPアドレス，DataSet，RCB，GoCB，SVCB），論理ノードの使用／不使用設定，内部ロジック（論理回路），BI（binary input：デジタル入力），BO（binary output：デジタル出力）などを実施する。

クト：DO，データ属性：DA）配置）設定，SCT（system configuration tool）は複数の IED により構築される変電所システム全体の詳細設定，ICT（IED configuration tool）は各 IED の個別設定を担う[4)]。

IEC 61850 では，上記の 3 種類の設定ツールにより，エンジニアリングを行い，各種設定ファイルを生成する。各種エンジニアリングツールと IED との関わり合いを表現する概要図を**図 2.2** に示す。なお，SST と SCT は同一のツールである場合もある。

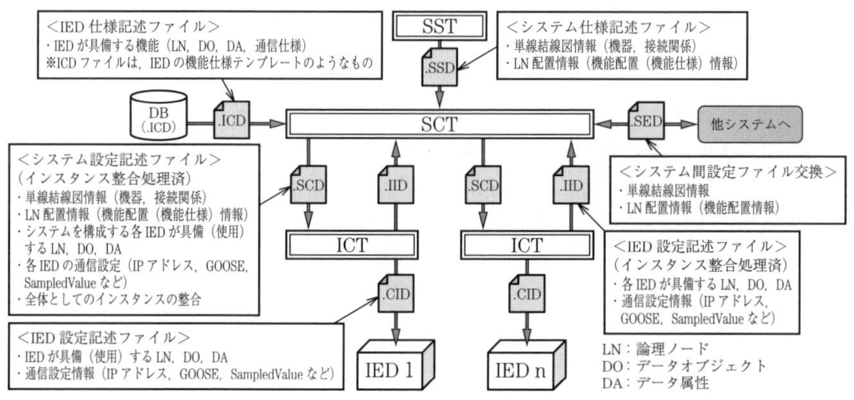

図 2.2　エンジニアリングツールと各種設定ファイル概要図

〔1〕 SST

SST とは，システム仕様を設定するツールであり，IED 製作メーカに依存しない。SST は，サードパーティのメーカにより提供されることもある。

変電所システム仕様とは，単線結線図情報や機能配置など変電所仕様を指す。SST では，機器（送電線，変圧器，遮断器，断路器，計器用変成器など）の仕様，各機器の接続関係，主回路機器にひもづく装置および機能配置（論理ノード配置）などの設定を行う。

SST にて設定するファイルは，SSD ファイルであり，SSD ファイルには，4 章で後述する Substation 要素などが記述される。

〔2〕 SCT

SCT は，複数の IED で構成される変電所システム全体構成を表現する設定ファイルを取り扱う設定ツールであり，IED 製作メーカに依存しない。SCT についても，サードパーティのメーカにより提供されることもある。SCT では，SSD，ICD，IID ファイルの入力，および SCD ファイルの入出力が可能である。

SCT は，異なる複数メーカの IED が持つ設定ファイル（ICD または IID ファイル），SST から生成された SSD ファイルを読み込み，SSD に記述されるシステム仕様に対して，各 IED の配置設定（どの IED がシステム仕様で設定した機能を担務するかなど），IP アドレス設定や IEC 61850 通信設定など変電所システム全体の通信設定などの詳細設定を実施する。

SCT の役割は，SSD の情報をもとにシステム仕様を把握するとともに，全 IED の ICD または IID ファイルを用いてすべての IED 個別の設定情報を追記し，システム全体として設定ファイルの整合を図り，SCD ファイルとして生成しなおすことである。

上記のように，SCT はシステム全体の設定情報を SCD ファイルとして記述し，外部に出力することが可能であり，IEC 61850 では，複数の IED 情報のみの記述に留めることも可能である。

国外においては，Helinks 製 STS，Schneider 製 SET，ABB 製 IET600 などの製品が登場してきている[5)〜7)]。製品の中には，SCT の機能と前述の SST の機能を兼ね備えているものも存在する。

〔3〕 **ICT**

ICT は，IED の個別設定を行うツールであり，IED 製作メーカごとに異なる固有のツールである（GE 製 EnerVista，ABB 製 PCM600，SEL 製 Acselerator などが挙げられる）[8)〜10)]。ICT は SCD，ICD ファイルの入力，および IID，CID ファイルの入出力が可能である。

IED の個別設定とは，保護機能および制御機能の使用／不使用設定（論理ノードとして表現できる機能であれば，論理ノードとしての使用／不使用設定），論理回路（ロジック）の作成，整定，デジタル入力と内部信号とのマッピング，内部信号とデジタル出力のマッピング，IP アドレス設定や

IEC 61850 通信設定などを指す。

多くのメーカは，複数の異なる型式の IED に対して，同一の ICT を用いる。そのため，IED の型式ごとに実装可能な機能のテンプレートとして ICD ファイルが用意されており，適用する IED の型式（ICD ファイル）に対して個別設定を実施していくこととなる。この個別設定後のファイルが CID ファイルとして生成され，各 IED に対してインストール・保存される。ICD ファイルや CID ファイルの記載内容の中には，IEC 61850 のスコープ外とされる IED 内部の処理，機能の使用／不使用設定や BI/BO 割り当てなど各メーカの独自設定などが SCL に基づき記述される場合もある。

各メーカの ICT により個別に設定がなされた設定後のファイルは，上記のように IED 向けの CID ファイル，もしくは SCT 向けの IID ファイルとして生成される。

2.2 工事エンジニアリング

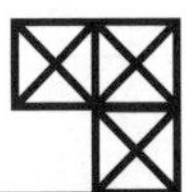

工事エンジニアリングとは，需要増加への対応や電力系統の安定化向上を目的とした変電所の新設，既設変電所の一部設備増設・増強や設備の経年劣化による設備の更新工事など電力会社における工事業務を指す。工事エンジニアリングフロー概略図を**図 2.3** に示す。

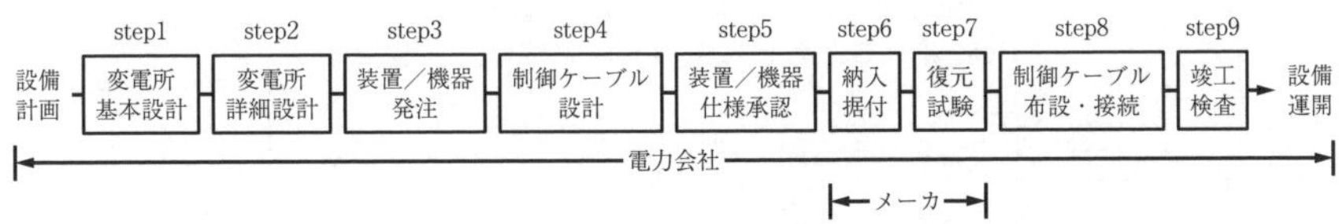

図 2.3 工事エンジニアリングフロー概略図

工事エンジニアリングにおいては，適用する機器や装置の選定，装置－機器間，装置間の接続関係の整理などの設計から始まり，装置／機器の発注，試験に至るまで幅広い業務を実施している。

また，図 2.3 中の各ステップにおける実施概要および諸資料（変電所保護監視制御システムに係るものを対象）について，代表例を**表 2.3** に示し，諸資料の内容について説明するとともに課題として留意するところがあるものについては，さらに説明を加えている。

表 2.3　工事エンジニアリングにおける実施概要

step	実施項目	実施概要 （変電所保護制御システムに関わるもののみ抜粋）	諸資料
1	基本設計	・機器／装置の選定（変電所の規模，重要度を考慮） ・機器レイアウト検討 ・単線結線図作成	基本設計書 機器配置平面図 単線結線図
2	詳細設計	・各種装置，機器の詳細設計（基本設計書に随時追記，具体化） ・装置間および機器間のインタフェース，接続方法の検討（基本設計書に随時追記，具体化）	基本設計書
3	装置／機器発注	・購入装置／機器の購入仕様書作成 （標準品を適用可能である場合，形式品ごとに標準化した購入仕様書を使用）	購入仕様書 装置仕様定義書 （≒標準仕様書）
4	制御ケーブル設計	・機械的強度を考慮したケーブル線種選定 ・MCCB トリップ時間と制御ケーブル耐量の協調計算 ・DC 制御ケーブル　電圧降下計算 ・AC 制御ケーブル　電圧降下計算 ・VT 二次回路ケーブル　定格負担協調，電圧降下計算 ・CT 二次回路ケーブル　定格負担，CT 裕度計算 ・制御ケーブル積算（線種，使用本数算出），布設図作成	制御ケーブル検討書 制御ケーブル布設図
5	装置／機器仕様承認	・製作確認図（技術検討図）の確認 （変電所ごとの特殊事項を反映確認，他装置インタフェース確認）	製作確認図 工場試験記録
6	納入据付	・装置／機器搬入据付	—
7	復元試験	・復元試験（工場からの装置輸送により，機能および性能に変化がないことを確認）	工場試験記録 現地試験要領書 現地試験成績書
8	制御ケーブル布設／接続	・制御ケーブル布設 ・制御ケーブル接続	制御ケーブル布設図
9	竣工（しゅんこう）検査	・必要となる以下の諸試験の実現方案検討 ①各電力会社の保安規定に基づく竣工検査 ②法定検査	試験要領書 工事検査記録書

〔1〕 基本設計書

ここでいう基本設計書とは，変電所の新設工事や更新工事を行うにあたり，工事全体の設計思想，基本設計をまとめた設計書である。構築するシステムの回路構成，各装置の仕様をまとめるとともに，工法，試験方策に至るまで，工事に関わる工事手順などを記載する。後述する変電所の単線結線図，機器配置平面図などの作成を行う。

（課題）

・各装置仕様をまとめるにあたり，基本設計書には，採用する各種装置の形式を記載するのみに留まることが多い。これら各種装置にてシステムを構築するが，各装置のインタフェースや情報交換の内容，接続関係は，装置仕様定義書等の図面を参照することでしか把握できない。そのため，システム全体像（機器との接続や各装置の配置や機能分担，つながりなど）は，人間系が装置の展開接続図や単線結線図などの図面等から把握し，制御ケーブル布設図を作成することで初めて具体化される。そのため，基本設計書は，システム全体像の把握のための資料であり，システム構築にそのまま使用できない。

〔2〕 機器配置平面図

機器配置平面図とは，電気所の敷地形状に合わせた機器の配置，形状，制御ケーブルダクト／洞道（どうどう），建屋形状に合わせた保護リレー装置や監視制御装置の配置などが記される図である。この機器配置平面図により，制御ケーブルルートが定まり，必要な制御ケーブルなどの数量・距離を算出することができる。

〔3〕 単線結線図

単線結線図とは，電気所の機器構成，機器と各種装置との接続関係，装置／機能配置を単線により表現される図である。この単線結線図により，当該電気所の系統構成や基本仕様を把握することが可能となる。

（課題）

・単線結線図はCADなどの製図ソフトにより作図されることが多く，電子データおよび紙ベースで管理されている。しかしながら，単線結線図に表現される機器と各種装置の接続関係・装置／機能配置などの情報をエンジニアリングにおける他業務（装置間接続関係を示すケーブル布設図の作成や装置配置，装置設定などのシステム構築，監視卓画面の作成などの業務）に自動連携することはできず，人間系による把握，活用がなされているのが現状である。

〔4〕 購入仕様書

ここでいう購入仕様書とは，装置を購入するための購入仕様書である。標準装置（形式登録品）である場合，装置仕様定義書にて，標準的な購入仕様書が用意されているため，必要事項（納入日，納入箇所，必要な付属品数，その他サイトごとの特殊事項等）を記載することにより，装置購入が可能である。電力会社は，この形式品制度により，装置購入時の業務簡素化および標準装置の水平展開による仕様管理業務の省力化を図っている（形式品制度および形式品登録に必要な試験，形式取得後の標準装置に対する試験などについては，2.3節の開発エンジニアリングにて後述する）。

また，購入仕様書には，購入装置を設置する変電所の基本仕様を示す単線結線図や適用するシステムの概要図などが添付される。

（課題）

・装置仕様定義書の記載内容は，独立したデータ（WordやExcelなどの文章や図表現）であり，購入仕様書に記載される内容や添付資料の単線結線図やシステム構成図を人間系にて解釈，具体化する必要がある。単線結線図や購入装置仕様などの情報が存在しているのにもかかわらずエンジニアリングにおける他業務に連携できない。

〔5〕 制御ケーブル検討書

変電所保護監視制御システムを構築するためには，適切な制御ケーブル線種（太さ，芯数）を選定し，装置－機器間，装置間を制御ケーブルにて接続する必要がある。制御ケーブル検討書とは，これら制御ケーブル選定のための根拠資料である。制御ケーブルを適用する各種装置の装置仕様定義書や展開接続図による入出力インタフェースの確認，機器配置平面図による制御ケーブル布設ルート・距離の確認をするとともに，システム構築に必要な制御ケーブルを1本1本選定する必要がある。

制御ケーブルを用途別にカテゴリ分けすると，おもにVT二次回路ケーブル，CT二次回路ケーブル，DC制御ケーブル，AC制御ケーブルの4種類となる。これらの制御ケーブルは，機械的強度を考慮して一定以上の太さのものが選定される。それに加え，電気現象を考慮して，以下に説明する諸々の要素を検討し，制御ケーブル線種を選定する必要がある。

- **VT二次回路ケーブル**

  VT二次回路ケーブルは，VT定格，ケーブル亘長（こうちょう），ケーブル太さ，VT回路を分配する装置数などを考慮し，到達装置における電圧降下が許容値以下となるように選定する。

- **CT二次回路ケーブル**

  CT二次回路ケーブルは，CT定格，CTの過電流定数，一次通過電流，ケーブル亘長，装置内の負担などを考慮し，過渡的な大電流によるCT飽和の発生を低減するように選定する。

- **DC制御ケーブル**

  DC制御ケーブルは，直流電源用途，トリップ信号用途，表示などの信号の入出力用途など，より細かく用途ごとに区分される。電源用途で使用するDC制御ケーブルは，到達装置までの電圧降下，DC電源分配盤に設置されるMCCBとの保護協調（事故時に制御ケーブルに流れる短絡電流，制御ケーブルの溶断時間，MCCBの遮断時間）を考慮して選定する。トリップ信号用途で使用するDC制御ケーブルは，トリップ電流による電圧降下を考慮して選定する。表示などの信号入出力用途で使用するDC制御ケーブルは，電圧による信号授受を行い，電流による電圧降下がほとんどないため，適切な芯数となるように選定する。

- **AC制御ケーブル**

  AC制御ケーブルは，おもに交流電源用途（照明，空調，ヒータ，モータなど）で使用される。負荷によって，100 V，200 V，400 V など使用する電圧階級は異なるが，負荷電流による電圧降下，AC 電源分配に設置される MCCB との保護協調を考慮して選定する。

（課題）

・物理的に膨大な量の制御ケーブルを扱う必要があり，制御ケーブル選定にあたり，電圧降下や事故時の MCCB 動作時間と制御ケーブル溶断時間を考慮した保護協調など，負荷に応じてさまざまな検討を行う必要があるため，多くの時間を要している。

〔6〕 制御ケーブル布設図（必要制御ケーブル数の積算含む）

制御ケーブル布設図とは，各種装置および機器に適用する制御ケーブルの接続関係（制御ケーブル各芯の接続関係）を配線図として表現したものである。制御ケーブル布設図により，装置間および装置－機器間の接続関係（ケーブル線種，芯数，芯線サイズなど）を把握することができる。

（課題）

・前述の制御ケーブル検討書で検討した制御ケーブル線種（太さ，芯数）に基づき，各種装置との接続関係を1本1本手作業にて制御ケーブル布設図として図に落とし込むため，制御ケーブル布設図作成に膨大な労力と時間を必要とする。

〔7〕 製作確認図（技術検討図）

製作確認図とは，電力会社がメーカから受領する，納入装置の仕様書，論理回路図（展開接続図），外形図などを指す。電力会社は，製作確認図により，装置仕様が購入仕様書（装置仕様定義書）に記載の要件を充足しているかを確認する。他装置との入出力回路の接点数，端子数などの整合や内部ロジック，ハード回路の構成について十分に確認し，メーカに返却する。メーカは，製作確認図の返却をもって，装置製作に取り掛かる。

（課題）

・納入装置の展開接続図などは，自装置に関わる情報にとどまる（システム全体像を把握していない）ため，他装置および機器との入出力情報

（入力元，出力先など）は具体的に記載されない。そのため，電力会社が製作確認図の確認時に入出力先装置の具体名を追記している。

〔8〕 **工場試験記録**

返却した製作確認図に基づき，メーカにより装置製作が行われる。工場試験記録とは，製作装置の寸法確認結果，絶縁性能，各種動作試験結果などが記載された記録書である。電力会社は，工場試験記録により，要求仕様を充足するユニット・装置が製作されたかどうかを確認する。工場試験記録の確認結果が良好である場合に限り，現地への納入が許可される。

〔9〕 **現地試験要領書（現地試験成績書）**

現地試験とは，工場より輸送され，現地納入された購入装置の健全性を確認するために現地にて実施するものである。この試験の要領書および成績書をそれぞれ，現地試験要領書，現地試験成績書という。

〔10〕 **試験要領書・工事検査記録書**

試験要領書とは，現地に納入された装置と他装置および機器とを制御ケーブルで接続した後に，接続状態が正常か（誤結線がないか）を確認する結合試験，接続後の実系統との連系試験など，電力会社として装置を運開させるために必要な確認試験の手順をまとめたものである。また，これら試験の試験結果をまとめたものが工事検査記録書である。

以上のように，工事エンジニアリングに必要な諸資料について説明した。工事エンジニアリングでは，多岐にわたる検討や設計と膨大な諸資料作成を人間系で実施する必要があり，多くの労力と時間を要している。

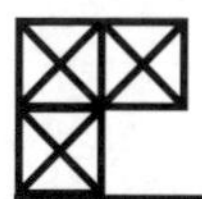

2.3 開発エンジニアリング

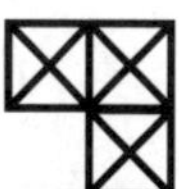

開発エンジニアリングとは，新規装置の開発業務を主体として当該装置を新設の変電所保護監視制御システムへ適用する場合や既設の同システムの一部または全部に適用するために必要となる業務も含めた開発業務を指す。新規装置の開発は，電力会社とメーカが共同して実施している場合が多い。

各電力会社は，新規開発装置を各社仕様の形式品として登録する，形式品制度を用いている。これにより，形式品登録された装置を標準装置として取り扱う。そのため，カタログから選定するように標準装置の購入・適用が可能となり，装置選定や購入時の仕様書作成業務など，現場におけるエンジニアリングの省力化が図られている。

開発エンジニアリングフロー概略図を**図 2.4** に示す。また，図 2.4 中の各ステップにおける実施事項および諸資料について，代表例を**表 2.4** に示す。

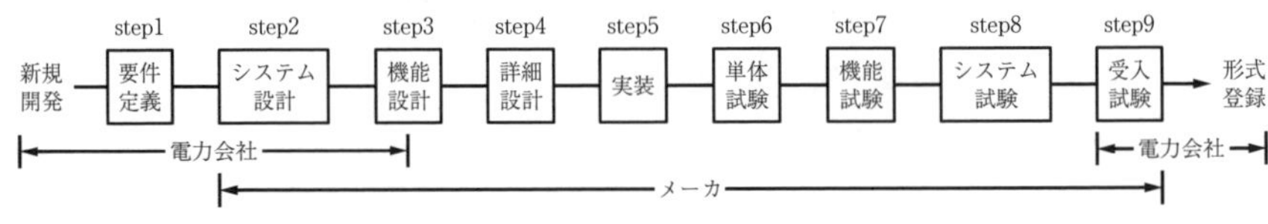

図 2.4　開発エンジニアリングフロー概略図

〔1〕 装置仕様定義書（標準仕様書）

装置仕様定義書とは，新規開発装置の用途，目的，当該装置に具備する機能，論理回路図，入出力のインタフェース，伝送仕様，外形図など，当該装置の仕様を定義した資料である。電力会社およびメーカが打合わせを通じ，当該装置に必要な機能とその実現方策を整理し，装置仕様定義書を作成する。

（課題）

・装置仕様定義書は，装置仕様が文章や図などにより記載されるが，基本的に紙ベースあるいは電子データであっても，Word や Excel など独立したデータであって，記載内容が機械的に自動化および連携ができないデータにて作成される。そのため，本項〔2〕で述べるソフトウェア仕様書を作成するにあたり，記載内容の解釈に人間系が介在する。

〔2〕 ソフトウェア仕様書

ソフトウェア仕様書は，装置仕様定義書にて定めた機能をソフトウェアとして実現するために機能を細分化し，ソフトウェアのコーディングが可能となるレベルへ落とし込んだ，メーカ所掌の詳細設計書である。装置仕様定義書をもとに，各メーカが当該ソフトウェア仕様書を作成し，コーディングを

表 2.4　開発エンジニアリングにおける実施概要

step	実施項目	実施概要	諸資料
1	要件定義	・装置の制御方式，計測項目，保護方式，新技術適用，保守ニーズ，操作性／保守性向上など，機能要件定義 ・処理速度などの性能検討	装置仕様定義書 （≒標準仕様書）
2	システム設計	・開発装置／システム全体設計と仕様検討 ・要件定義により定めた機能の配置や機能間の連携，他装置とのインタフェース設計 ・展開接続図作成	装置仕様定義書 （≒標準仕様書） 展開接続図
3	機能設計	・機能を実現するための処理検討，処理の細分化	装置仕様定義書 （≒標準仕様書） 展開接続図 ソフトウェア仕様書
4	詳細設計	・機能設計にて検討した処理をプログラムとして表現するための設計 ・適用するプログラミング言語選定，コーディング方案の策定	展開接続図 ソフトウェア仕様書
5	実装	・詳細設計に基づくコーディングの実施，装置への組込	展開接続図 ソフトウェア仕様書
6	単体試験	・各処理の確認試験（必要に応じて改良）	工場試験要領書 工場試験記録
7	機能試験	・機能としての確認試験（必要に応じて改良）	工場試験要領書 工場試験記録
8	システム試験	・装置／システムとしての確認試験（必要に応じて改良）	工場試験要領書 工場試験記録
9	受入試験	・要件充足判断のための確認試験 精密受入試験：形式品取得もしくはそれ相当の試験項目を実施。試験合格後，形式品として登録される 商用受入試験：標準装置（形式品）に対する試験。精密受入試験項目のいくつかを省略し，納入に必要な最低限の試験項目を実施する いずれの試験合格後にも現地納入が実施される	工場試験記録

実施し，新規開発装置を製作する。

（課題）

・装置仕様定義書の記載内容を実現するソフトウェアコーディングのため

の具体化や処理方法の検討に，人間系の介在による解釈，具体化が必要であり，装置仕様定義書とソフトウェアコーディングが直結しない。

〔3〕 工場試験要領書

試験要領書は，ソフトウェアの動作確認からハードウェアを含む装置としての動作確認に至るまで，当該開発装置が装置仕様定義書およびソフトウェア仕様書を満足していることを確認するために必要な試験内容と試験方法を定めた要領書である。この試験要領書に基づき，工場試験が実施される。

（課題）

・装置ごとの試験要領書，工場試験記録の作成と工場試験の実施は，人間系にて設定もしくは実施する必要がある。

〔4〕 工場試験記録（受入試験記録）

試験要領書にて定めた試験の結果をまとめたものである。確認試験の実施および工場試験記録の作成はメーカ所掌で行われ，電力会社はメーカから提出される工場試験記録の内容確認および工場試験（受入試験）の立会を実施する。受入試験には，精密受入試験と商用受入試験の2種類が存在する。精密受入試験とは，電力会社ごとに装置の形式を取得するための試験であり，電力用規格によって定められた多くの試験項目に対して実施する試験である。精密受入試験に合格した場合，当該装置は形式品として登録され，標準装置として扱われる。商用受入試験とは，標準装置に対して実施する試験であり，精密受入試験の試験項目のいくつかが省略され，納入に必要な最低限の試験項目を実施する試験である。

標準装置として扱われる装置を購入する場合，標準装置ごとの購入仕様書が用意されることとなり，限られた指定事項（納入日，納入箇所，必要な付属品数，その他サイトごとの特殊事項等）を記入するのみで，標準装置の発注が可能となる。電力会社は，この形式品制度により，装置購入時の業務簡素化および標準装置の水平展開による仕様管理業務の省力化を図っている。

（課題）

・装置ごとの工場試験実施と工場試験記録作成は，人間系にて実施する必要がある。

以上のように，開発エンジニアリングにて必要となる諸資料について説明した。これら諸資料に対して人間系を介在する必要があり，この介在に多くの労力と時間を要しているのが課題である。

次節で述べる IEC 61850 における SCL を介したエンジニアリング，および IEC 61850 通信による装置間接続とシステム構築が，上記の課題を解決する強力な有効手段となりうる。

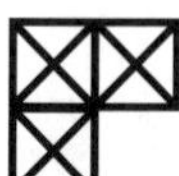

2.4 エンジニアリングツールと各種設定ファイルの生成手順

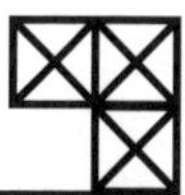

SCL によるエンジニアリングには，**トップダウン方式**と**ボトムアップ方式**の2種類のエンジニアリングプロセスが存在する。

● **トップダウン方式**

ユーザ仕様（SSD ファイル）に基づきシステムエンジニアリング（SCD ファイル生成）を行い，その後，個々の IED エンジニアリング（IID/CID ファイル生成）を実施する方式である。トップダウン方式は IEC 61850 の思想に基づいた方式であり，一貫性を持ったエンジニアリングが可能となる。

● **ボトムアップ方式**

IED の IEC 61850 実装仕様（ICD ファイル）を起点とした方式である。最初に IED エンジニアリング（IID ファイル生成）を行い，その結果をもとにシステムエンジニアリング（SCD ファイル生成）を行う。そして最後に，SCD ファイルに基づいた IED エンジニアリング（CID ファイル生成）を実施する方式である。

ボトムアップ方式の場合，システム全体として整合性を確保するために，IED エンジニアリングとシステムエンジニアリングを繰り返す必要がある。

2.4.1 トップダウン方式

トップダウン方式は，前提として，個々の IED の設定ファイル（ICD ファイル）をデータベースとして保有する。まず，SSTにより，変電所としての仕様を定めた後（SSDファイルを生成後），データベースに存在するIEDのICDファイルをもとに，SCTによりシステム全体の詳細設定（SCDファイルの生成）を実施する。次に，ICTを介して，SCDファイルから個々のIEDの個別設定を実施し，IEDへのインストールを行うことでシステムを構築する方式である。トップダウン方式の概要図を**図2.5**に示す。

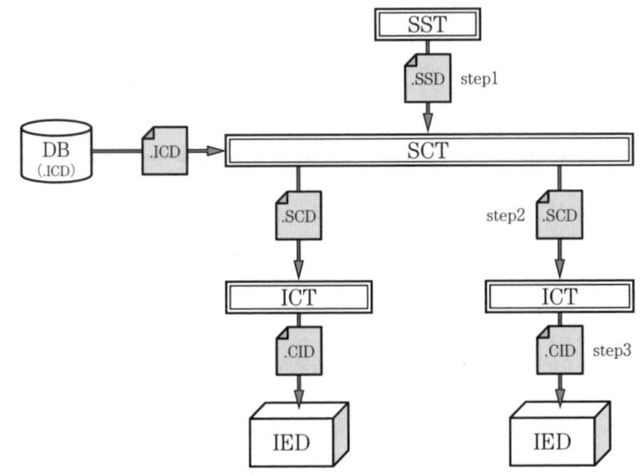

図2.5　トップダウン方式の概要図

step 1：SSTによるシステム仕様の設定

SSTにより，単線結線図情報，機器にひもづく機能の配置（論理ノード配置）などの設定を実施する。上記設定が完了した後，上記情報が記述されるSSDファイルとして出力する。本ステップは，ボトムアップ方式，トップダウン方式によらず同様である。

step 2：SCTによるシステムの詳細設定

SCTを用いて，SSDファイル，および各IEDのICDファイルに基づき，システム全体の詳細設定を実施する（システム仕様に対する，個々のIEDの割り付けやシステム全体としての整合チェックを実施する）。なお，各IEDのICDファイルは，データベースとして保有され，SCTにより読込みが可能な状態であることを前提とする。上記システム全体の詳細設定が完了した後に，SCD ファイルとして出力する。

step 3：ICT から IED への個別設定とインストール

SCT から出力される SCD ファイルに基づき，各 ICT にて IED の個別設定（保護機能および制御機能の使用／不使用設定，ロジックの作成，整定，デジタル入力，デジタル出力の設定，IP アドレス設定や IEC 61850 通信設定）を実施する。

本ステップにて生成する CID ファイルを各 IED にインストールすることにより，システム構築が完了する。

トップダウン方式では，後述するボトムアップ方式にて使用する IID ファイルを使用せずに，システム構築が可能であるが，CID ファイル生成後に ICT により IED の再エンジニアリングを実施した場合は，その結果を ICT が IID ファイルとして出力し，SCT で IID ファイルを取り込む。その後 SCD ファイルを再生成し，ICT において SCD ファイルをもとに再度 CID ファイルを生成し，IED へインストールするサイクルを回すこととなる。

2.4.2　ボトムアップ方式

ボトムアップ方式は，ICT にて各 IED 個別設定を完了した後 IID ファイルを生成し，複数の IID ファイルから SCT によりシステム全体の詳細設定（SCD ファイル生成）を実施する。その後，各 ICT により SCD ファイルを読み込み，各 IED の CID ファイルを生成する方式である。国内に適用され始めている 61850 システムには，ボトムアップ方式の採用が多く見受けられる。ボトムアップ方式の概要図を**図 2.6** に示す。

step 1：SST によるシステム仕様の設定

SST により，単線結線図情報，機器にひもづく機能の配置（論理ノード配置）などの設定を実施する。上記設定が完了した後，上記情報が記述される SSD ファイルとして出力する。

本ステップは，ボトムアップ方式，トップダウン方式によらず同様である。

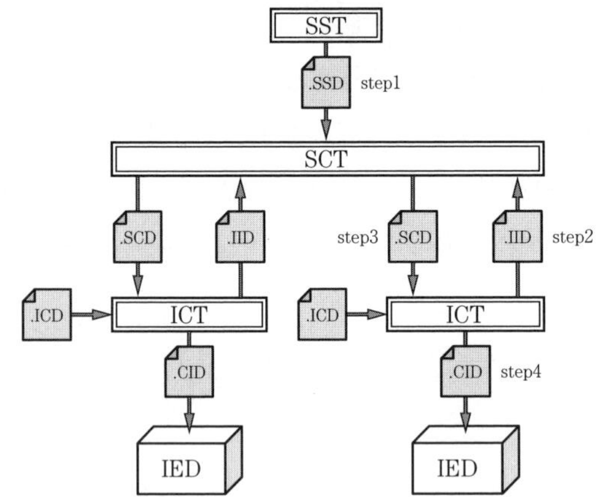

図 2.6　ボトムアップ方式の概要図

step 2：ICT による IED の個別設定

ICT を用いて，各 IED の ICD ファイルに基づき，個別設定（保護機能および制御機能の使用／不使用設定，ロジックの作成，整定，デジタル入力，デジタル出力の設定，IP アドレス設定や IEC 61850 通信設定）を実施する。その後，SCT 向けに設定完了後の設定ファイルとして IID ファイルを出力する。なお，当該ステップ時点の CID ファイルの生成も可能である。また，次ステップに示す SCT によるシステム詳細設計のフィードバックを介さずに各 IED を単独で駆動することも可能である。

step 3：SCT によるシステムの詳細設定

ICT から出力される各 IED の IID ファイル，および SST から出力される SSD ファイルをもとに，システム全体の詳細設定を実施する（システム仕様に対する，個々の IED の割り付けやシステム全体としての整合チェックを実施する）。システム全体の詳細設定が完了した後に，SCD ファイルとして出力する。

しかしながら，国内に適用され始めている IEC 61850 を適用したシステムに目を向けると，step 1 のシステム仕様の定義・設定（SSD ファイルの生成）を実施していない。さらに，各 IED 個別設定（CID ファイル生成）のみを実施し，step 3のSCTを介したフィードバック（各IEDのIIDファイルから，SCDファイル構築，SCDファイルからCIDファイルの再生成）を実施していない場合が多く見受けられる。SCTを用いず，不整合が生じた場合は，step 2とstep 4を整合が図れるまで繰り返すこととなる。

step 4：ICTからIEDへの個別設定インストール

SCTから出力されるSCDファイルによるフィードバック（システム全体として整合処理後）に基づき，各ICTにて，CIDファイルを生成する。本ステップにて生成するCIDファイルを各IEDにインストールすることにより，システム構築が完了する。

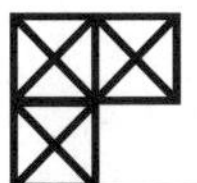

2.5　BAPによる機能仕様の定義

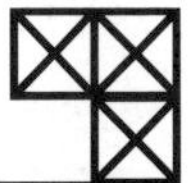

IEC 61850にて定義される論理ノードは，オプション実装扱いのデータオブジェクトが多く，システム開発の都度仕様を明確に決めなければ相互運用性が図れないという課題が表明化してきている。これを受けて**BAP**（basic application profile）という機能仕様書を定める手法が欧州から提案され，IEC 61850-7-6としてBAP作成ガイドラインが規格化された[11)]。IEC 61850-7-6では，BAPの概念および作成ガイドラインを定めており，BAPの一例も記載している。

変電所保護監視制御システムは，装置間の連携により，例えば，各種保護，再閉路，自動開閉制御などの複数のアプリケーションが組み合わさり，システムとしての大きな機能を実現している。IEC 61850-7-6においては，この大きな機能を**AP**（application profile）と呼ぶ。また，BAPは，APを構成する基本的なアプリケーションとして定義され，その機能仕様書として位置づけされる。すなわち，BAPとは，定義したい機能に対するユースケース，論理ノードとそのデータオブジェクト，論理ノード間の連携，適用するIEC 61850通信サービスを機能仕様としてまとめたものである。また，IEC 61850では上述のとおりオプション扱いのデータオブジェクトが多数存在するが，BAPでは規格で定義された必須／オプションの扱いにかかわらず，対象とする機能を実現する上で実装が必要なデータオブジェクトを明確に示し，さらにシーケンス図などにより装置間のデータ（データオブジェクト）送受信の手順などを明確に定義し，それらに対応しているIEDを適用することにより相互運用性を確保する考えとしている。

BAPは，**図2.7**に示すように，変電所保護監視制御システムを実現しているアプリケーションを細分化し，基本的なアプリケーション単位に作成される。電力会社においては，これらBAPにて定義した機能仕様を満たす装置の組合せによってシステム構築を行う。また，メーカにおいてもBAPに準拠した装置を提供することになる。これにより，電力会社の要求仕様とメーカの装置仕様の整合を図るとともに異なるメーカ製装置の相互接続を確実なものとし，システム設計および試験の簡素化を目指している。

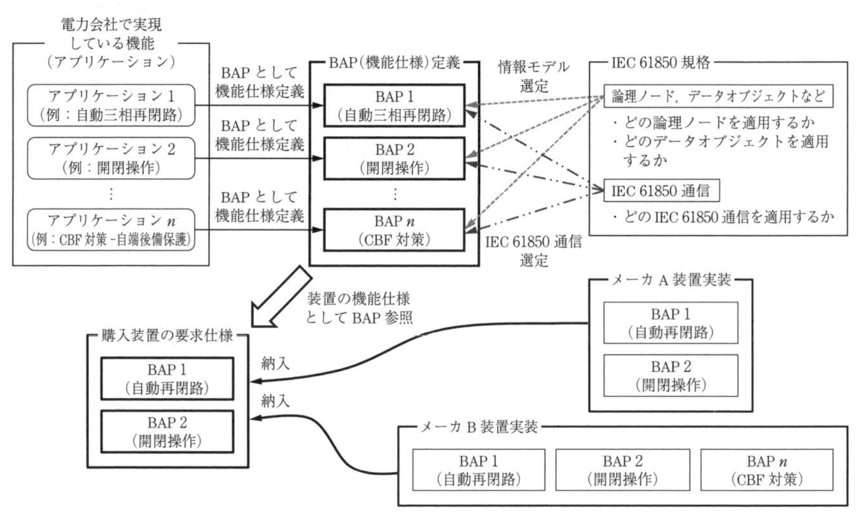

図2.7　BAPの概要図（IEC 61850-7-6 Figure 3に基づき作成）

ここで，BAPにおける“basic（基本的な）”の定義は，アプリケーションに依存するとされている。なにをbasicとするかについては明言がされていないため，どのような単位をbasicとするかは，十分に検討する必要がある。そこで，筆者が考えるBAP単位について，およびBAP整備の重要性について，3

章に後述するため，参照願いたい。

IEC 61850 規格は，オプション要素として定義されているデータオブジェクト，データ属性について規定している。一方で，BAP は，システム構築にあたり IED に必要な要求仕様であり，各アプリケーションの処理時間や伝送遅延時間などの処理性能についても規定する。

BAP で定めるアプリケーションの処理などについては，UML（unified modelling language）として，「ユースケース図」や「シーケンス図」などで表現される。UML については，既存の各種書籍や付録 B を参照願いたい。

IEC 61850-7-6 にて，BAP として以下の事項を記載するよう定義されている。

〔1〕 機能概要

● アプリケーションとして必要とされる機能的なふるまいを図表とともに文章で記述する。当該アプリケーションの目的，用途，処理について，説明する。

〔2〕 当該アプリケーションのユースケース，アクタの関係性の説明

● UML の「ユースケース図」を作成するとともに，ユースケース図に登場するアクタの一覧表を作成する。

● 関連する「アクタ」間の標準的な応答・処理を「シーケンス図」として表現する（シーケンス図とは UML におけるシーケンス図を指す）。

〔3〕 論理構造

● 論理ノードにより構築されるアプリケーション機能の説明と論理ノード内のデータオブジェクト，データ属性を使用した論理ノード間の連携について説明する（後述の図 3.2 に示したような論理ノードとデータオブジェクトの関係性を図示する）。

〔4〕 機能配置のバリエーションや条件

● BAP により要求するアプリケーションの仕様を定めるが，装置の物理的な配置や装置に具備する機能配置によりシステム構成が大きく変わることが考えられる。そのため，想定されるシステム構成（装置配置および機能配置）を説明するとともに，実現にあたっての条件などについても記述する。

〔5〕 **機能バリエーション**

- 同一の BAP においても，適用箇所によっては一部機能（状態情報の表示有無や取込内容の有無など）を省略するなどの小さな差異が考えられる。この差異について，機能バリエーションを記載する。

〔6〕 **要求性能**

- 通信喪失時などの挙動などの関連機能について記載する。
- 時限制約や要求処理時間などの性能について記載する。
- IEC 61850-5 に記載の性能クラスに基づき性能を記載する。

〔7〕 **アクタ単位のデータモデル**

- アクタ単位で必要な論理ノードとデータオブジェクトを記載する。記載に当たり，機能配置や機能のバリエーションごとに実装を要求するデータオブジェクトやデータ属性を明記した一覧表を作成する。この一覧表では，規格で定められる，実装必須要素とオプション要素とは無関係に，BAP として機能を実現するうえで実装が必要となるデータオブジェクトであることを示す“R 属性（実装要件）”を付加する。

〔8〕 **通信サービス**

- 要求するアプリケーション機能を実現するために使用する IEC 61850 通信サービスについて記載し，説明する。

〔9〕 **実機に関わる要件**

- アプリケーション機能の実現にあたり，特別なネットワーク構成やネットワーク性能（通信速度や帯域など），ハード構成を必要とする場合に，実機に関する要件として記載する。

〔10〕 **命名規則**

- 命名規則がある場合に記載する。ただし，ほかの BAP との整合を図ったうえで命名規則を定めることに注意が必要である。BAP ごとに命名規則が異なると，名称の重複などほかの BAP と共存できなくなる可能性がある。

〔11〕 **試験に対する能力**

● システムの相互運用性確認試験を定めたIEC 61850-10-3[12]との整合有無を記載する（IEC 61850-10-3として，データオブジェクトBeh，Modなどの使用方法が定められているため，準拠するかどうかを記載する）。

装置仕様作成の前段で，上記内容を記述した機能仕様としてBAPを作成することにより，電力会社-メーカ間における機能仕様の認識共有を実施する。また，BAPに従う処理を準備しておくことで，各種BAPに基づく各種機能の処理をビルディングブロックとして組み合わせ，実装することで装置開発が完了し，設計業務の効率化を図ることが可能となりうる。

国内においては，装置仕様に機能仕様が含まれていることが一般的である。BAPとは，装置仕様から機能仕様を分離し，まとめたものである。今後，装置仕様を検討していく場合，開発対象の装置が担う機能としてBAPを参照・作成することとなる。

引用・参考文献

1） IEC 61850-6:2018 - Communication networks and systems for power utility automation – Part 6: Configuration description language for communication in power utility automation systems related to IEDs（2018）

2） IEC 61850-4:2020 Communication networks and systems for power utility automation – Part 4: System and project management（2020）

3） IEC TR 61850-90-1:2010 Communication networks and systems for power utility automation – Part 90-1: Use of IEC 61850 for the communication between substations（2010）

4） IEC TS 61850-7-7:2018 Communication networks and systems for power utility automation – Part 7-7: Machine-processable format of IEC 61850-related data models for tools（2018）

5） https://www.helinks.com/ （2024年11月現在）

6) https://www.se.com/vn/en/product-range/62039-set-iec-61850-system-engineering-tool/#overview （2024年11月現在）

7) https://library.e.abb.com/public/120d9bbb61fd087dc1257ad80038c014/1MRK500097-UEN_A_en_User_s_manual_IET600_5.2.pdf （2024年11月現在）

8) https://www.gevernova.com/grid-solutions/multilin/catalog/urfamily.htm#Ov4（2024年11月現在）

9) https://new.abb.com/medium-voltage/ja/digital-substations/software-products/protection-and-control-ied-manager-pcm600（2024年11月現在）

10) https://selinc.com/products/5030/（2024年11月現在）

11) IEC TR 61850-7-6:2019 Communication networks and systems for power utility automation – Part 7-6: Guideline for definition of Basic Application Profiles (BAPs) using IEC 61850（2019）

12) IEC TR 61850-10-3:2020 Communication networks and systems for power utility automation – Part 10-3: Functional Testing of IEC 61850 based systems（2020）

第3章 SCL の利活用

これまでに述べたIEC 61850にて規定されるSCLを正しく理解し，国内の変電所保護監視制御システムのエンジニアリングに対して適切に適用できれば，SCLに基づく設定ファイルによりエンジニアリングの効率化・自動化を図ることができる。特に，前述したトップダウン方式を用いることが，エンジニアリング業務の効率化に対して強力な手段となりうる。本章では，フルデジタル変電所に対して，SCLを用いたトップダウン方式を採用した場合の各種エンジニアリング業務について説明する。図1.1に示したエンジニアリング業務の自動化概念図に対して，本章で説明する項目を対比させた図を**図3.1**に示す。

3.1節では，SCLを用いたトップダウン方式をより一層効率化するために，BAP整備が重要となることを説明する。また，3.2節では，SCLを用いること

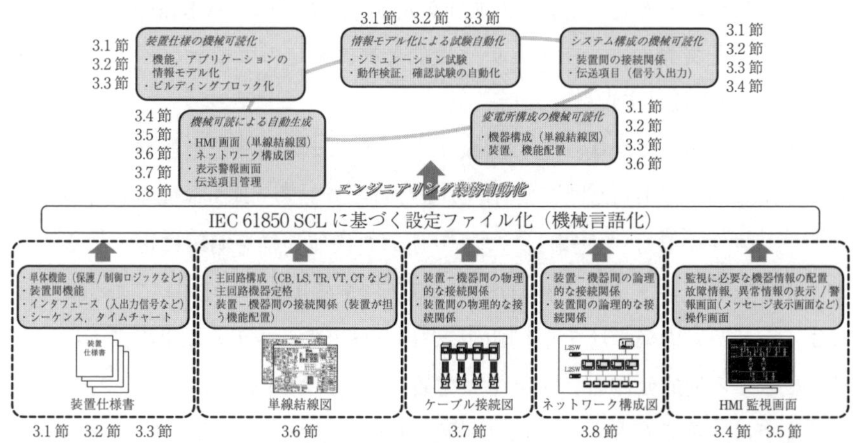

図 3.1 エンジニアリング業務の自動化と本章の関係

でどのようにエンジニアリング業務を変化させることができるか，将来展望を2.1節および2.2節と対比する形で説明する。さらに，3.3節では，3.2節で述べた将来展望に必要な要素，SCLの利活用について述べる。

なお，本章で説明する事項は，筆者が考える将来展望であり，現時点において，この将来展望を実現するためのツールとして，存在しないものもある。また，関連する規格の開発が進められている状況にある。しかしながら，IEC 61850適用の利点を最大限享受するために，ここに記載した内容を今後実現していかなければならない。そのため，今後の海外や国際標準化の動向を注視するとともに，国内においても必要な取組みを行っていく必要がある。

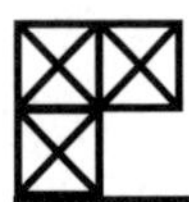

3.1　BAP整備の重要性

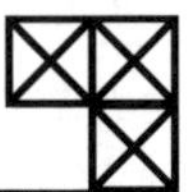

IEC 61850のおもな目的の一つは，相互運用性確保であるが，規格自体にオプション要素が多く，適用方法を明確に規定しているわけではない。また，各メーカが市販するIEC 61850準拠装置として，当該装置に実装される論理ノードやデータオブジェクトの内容および範囲は，メーカごとに異なっているのが現状である。そのため，市販のIEC 61850準拠装置の組合せでは，ユーザが所望するシステムを構築できない可能性が大きい。実際に，欧米諸国では上記が問題となった背景から，BAPという機能仕様書策定のガイドラインが規定されている（2.5節にて前述）。

日本国内において今後，IEC 61850によるシステム構築を進展させていく場合，欧米諸国にて生じた問題に対応するために，システムを構成する各種アプリケーションのBAPを整備し，ユーザ所望の機能仕様を明確に提示することが重要となる（各メーカが独自の思想で製作する市販品のIEDによる組合せによるシステム構築ではなく，国内における従来のシステム設計のようにユーザが要求する機能仕様をBAPとして定義する必要がある）。

本節では，筆者が考えるBAPの粒度，BAPの作成イメージ，BAP整備によるエンジニアリング業務への貢献について述べる。

3.1.1 BAP の 粒 度

2.5 節において,「BAP における“basic（基本的な）”の定義は，アプリケーションに依存するとされおり，なにを basic とするか十分に検討する必要がある」と述べた。ここで，今後の方向性を定める一助となることに期待を込め，筆者が考える BAP 単位（粒度）について，以降に示す。

例えば，事故発生後の事故検出，遮断器トリップから自動再閉路による遮断器投入までの処理（機能）を**図 3.2** に示す。この一連の処理の中で，① 各種計器用変成器からの入力変換から他機能・装置への出力，② 計器用変成器の出力を使用した各種保護方式の事故判定・遮断器トリップ指令，③ 遮断器開放／投入，④ 再閉路起動・同期投入判定が実施される。これらが組み合わさることで，一連の処理・機能（アプリケーション）を実現している。

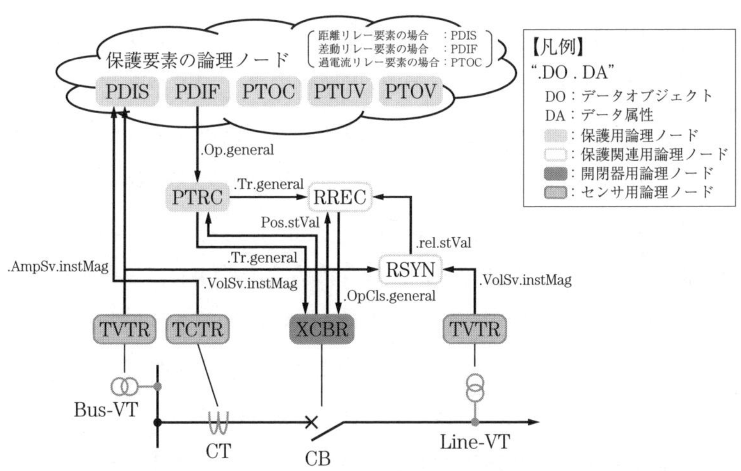

図3.2 アプリケーションの例（保護動作と自動再閉路）

筆者は，装置が持つ機能単位を機能のサブセットとして捉え，当該サブセットを BAP（基本的なアプリケーション）とする。BAP を組み合わせ，積み上げることで装置に必要な処理を形成するのである。

図 3.2 の処理を筆者が考える BAP 単位で細分化すると**図 3.3** のようになる。図 3.3 において，① 各種計器用変成器からの入力変換～他機能・装置への出

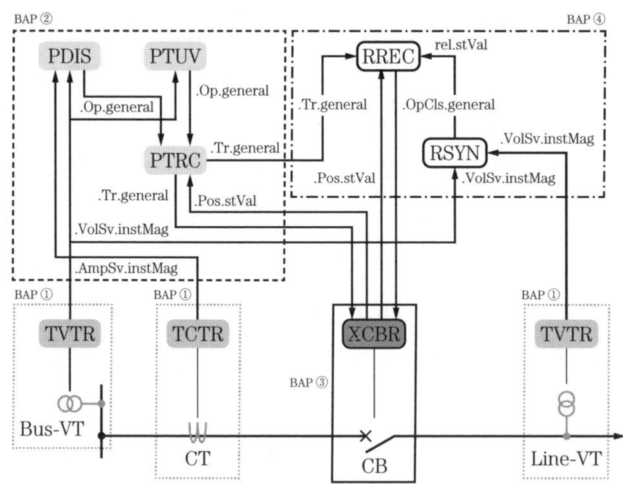

図 3.3　BAP 粒度（保護動作（方向距離保護方式）と自動再閉路）

力，② 計器用変成器の出力を使用した各種保護方式の事故判定から遮断器トリップ指令，③ 遮断器開放／投入，④ 再閉路起動・同期投入判定のそれぞれを別々の BAP として捉え，使用する論理ノード，データオブジェクト，データ属性，IEC 61850 通信サービス（データセット構成含む），装置間（論理ノード間）での情報交換の内容を定義する。

上記の例でいえば，これまで方向距離保護方式を適用していた装置が持つ機能を，BAP ①～④に分解し，物理デバイスへ配置することとなる。BAP というサブセットをビルディングブロックとすることで装置の処理を実現するのである。

ここで，従来の変電所保護監視制御システムにおいて適用されている各種装置に目をむけると，保護方式や制御方式が変われば別装置として個々に標準仕様が定義されている。別装置であっても，計器用変成器から入力される電気量のアナログ／デジタル変換や遮断トリップや再閉路機能などは共通していることが多い。したがって，BAP 定義も共通的に利用可能な粒度に分割することが望ましい。

また，図 3.3 において，保護方式を担っている BAP ②を，ほかの保護方式の BAP に置換するのみで，別の保護方式を適用した装置へと変更することが可能となりうる。

上記により，BAP により装置が持つ機能をサブセットとして抽象化し，ビルディングブロックをカタログ化することで，ハードウェアとソフトウェアの分離が可能となりうる。さらに，BAP の組合せにより，装置として所望の機能を実現することが可能となる。ここで，筆者の考える BAP の組合せによる装置機能の実現イメージを**図 3.4** に示す。

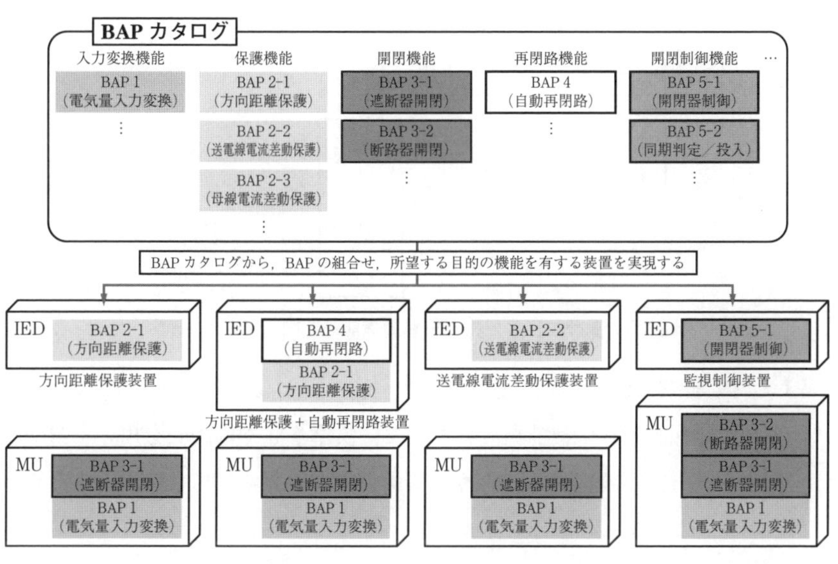

図 3.4　BAP の組合せによる装置機能の実現イメージ

BAP を機能のサブセットとして定義すれば，BAP の組合せを変えるだけで，用途を変更することが可能となる。これがソフトウェアとハードウェアの分離である。

3.1.2　BAP の作成イメージ

本項では，3.1.1 項で述べた BAP ②に加え，実システムに即して整定を行うエンジニアリング PC，監視を行う SCADA を加味した場合を例題に BAP の作成イメージを説明する（**図 3.5**）。BAP ②では，方向距離保護方式による遮断器トリップを扱う。以下に BAP に必要な記載事項ごとに方向距離保護方式に関連する BAP（特に，短絡保護を代表とした）作成例を示す。

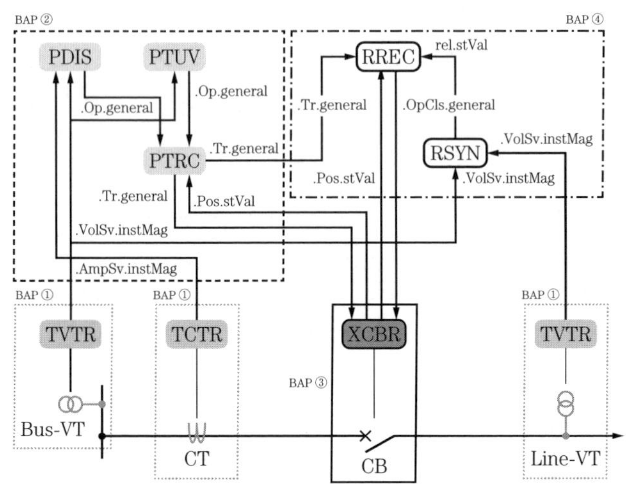

図 3.5　保護動作と三相再閉路の機能概要図（図 3.3 再掲）

〔1〕　機 能 概 要

方向距離保護方式の機能概要について，文章もしくは図表を用いて説明を実施する。方向距離保護方式のうち短絡保護について簡易な例を示すと以下のとおりとなる。

“方向距離保護方式は，送電線保護用に使用され，VT および CT から入力される電圧，電流から，リレー設置点から送電線事故点までのインピーダンスを方向距離保護要素により算出する。整定したインピーダンス特性と算出したインピーダンスを比較し，後者が前者の範囲内である場合に主保護要素としての方向距離保護要素が動作し，事故検出要素としての不足電圧保護要素も動作すると，これら二つの保護要素動作の AND 処理にて，トリップ条件を作成し，当該条件を充足した場合にトリップ指令を遮断器に対して出力する。なお，インピーダンス特性は，1～3 段用意する。”

〔2〕　当該アプリケーションのユースケース，ロールやアクタの関係性の説明

ここで，ユースケース図とは，UMLとして定義される図法であり，対象となるシステムが特定の目的を達するまでのやり取りや振舞いをユースケースとして定め，必要となる機能を把握するための図である。また，各ユースケースを行う主体をアクタと呼ぶ。

ユースケース図は，システムの動作ステップの実行順序をモデル化することが目的ではなく，対象となるシステムの概要・仕様・処理の内容について，システムの内部に詳しくない人物，またエンドユーザでも読んで理解できるもの（システムとしてなにを実施しているかを概念として理解できるもの）にする必要がある[†1]。

本BAP例の方向距離保護方式のうち短絡事故時のユースケース図例を**図3.6**に示し，図3.6内のアクタと概要を**表3.1**に示す。

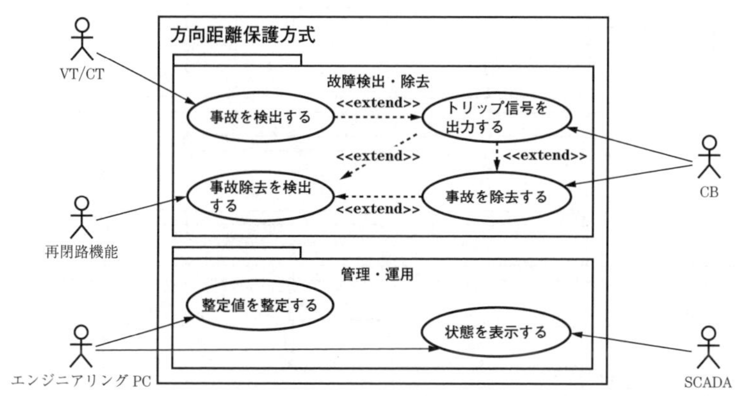

図3.6 方向距離保護方式（短絡事故）のユースケース図例

つぎに，本BAP例の方向距離保護方式におけるシーケンス図を**図3.7**に示す。ここでシーケンス図とは，UMLとして定義される図法であり，前述のユースケース図のアクタを図の最上部に横方向に1列に並べ，それぞれのアクタからアクタへ向かう矢印線により処理の流れを時間軸に沿って表現する図である[†2]。

†1 UMLおよび各図法についての詳細は，付録Bを参照願いたい。
†2 詳細については，付録Bを参照願いたい。

表 3.1　本 BAP 例のアクタと概要

アクタ名称	概要
VT/CT	計器用変成器またはそのインタフェースを指す。
再閉路機能	トリップ出力機能より，発信されるトリップ信号を受け，再閉路処理を起動する。
CB	保護対象を主回路から切り離すための遮断器またはそのインタフェースを指す。
エンジニアリング PC	方向距離保護方式の整定値を入力・書換えを実施，または運用状態の表示が可能な PC を指す。
SCADA	方向距離保護方式の動作信号の表示や機能活殺状態の表示などを担う SCADA を指す。

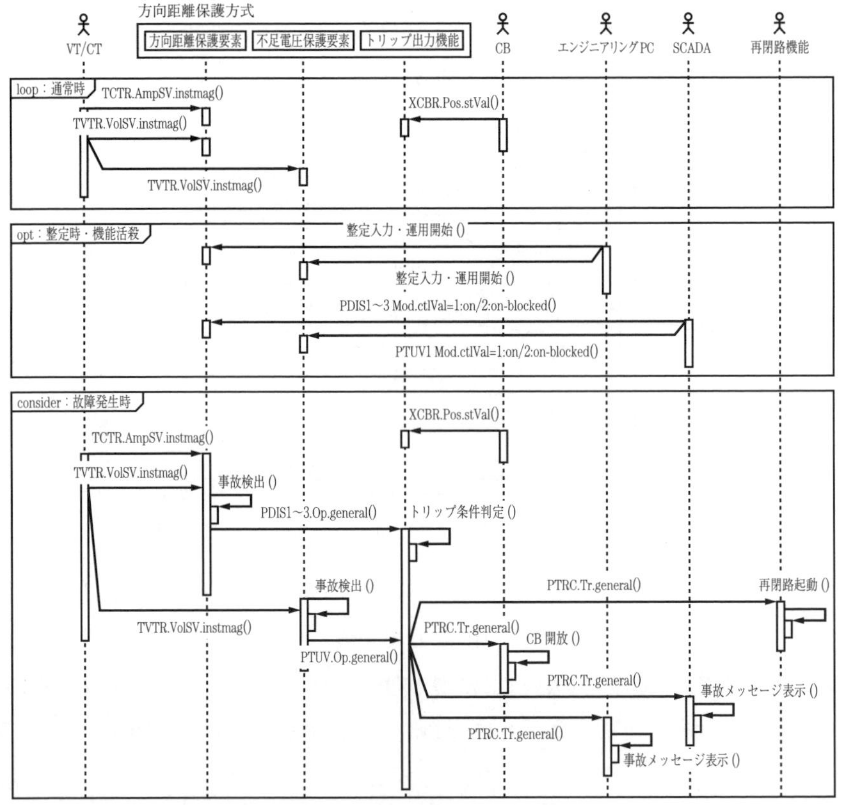

図 3.7　方向距離保護方式（短絡事故）のシーケンス図例

〔3〕 論理構造

本 BAP 例の方向距離保護方式の論理構造図例を**図 3.8** に示す。図 3.8 は，図例であるため，一部の記載を省略しているが，実際に BAP を策定する際には，1〜3 段のインピーダンス特性ごとの動作情報のやり取りや，時限協調などを考慮する必要がある。

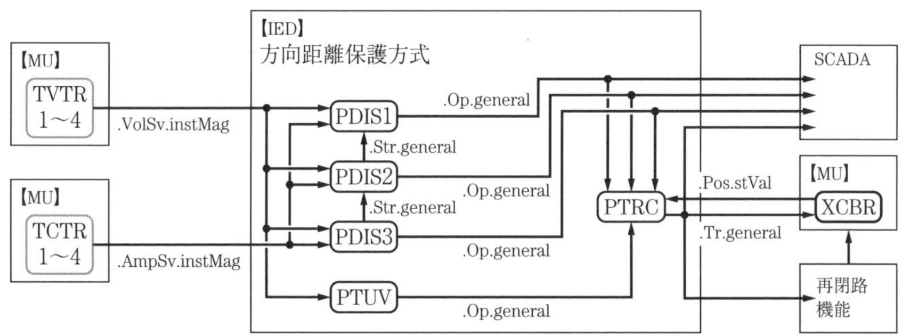

図 3.8 方向距離保護方式（短絡保護）の機能配置と論理構造図例（電流／電圧入力を外部（MU）からの通信にて入力する場合）

〔4〕 機能配置のバリエーションや条件

本 BAP 例においては，方向距離保護方式を単一の IED で実現する（必要なすべての論理ノードが実装される）場合のみを想定する。

〔5〕 機能バリエーション

BAP にて定義したい機能バリエーションを定義する。機能のなかでも，メインとなる方向距離保護方式を実現するためにコアとなる機能バリエーション（コア機能バリエーション）とコアとならない機能バリエーション（非コア機能バリエーション）の項目に分類して，定義する。コア機能から派生するバリエーションが非コア機能バリエーションである。すなわち，以下に示す A1 - B1 などのバリエーションの組合せで，実装内容を指定することとなる。本 BAP 例における，各バリエーションを以下に示す。

＜コア機能バリエーション＞

● A1:方向距離保護方式を実現する IED がプロセスバス接続機能なし（VT/CT および CB と制御ケーブルにより接続されるケース，GOOSE

SampledValue（SV，SMV）が使用不可）。ステーションバスによるSCADAなどとの接続は可能。

- A2：方向距離保護方式を実現するIEDがプロセスバス接続機能あり（VT/CTおよびCBがMUにより構築され，プロセスバスの通信サービス（SV，GOOSE）が使用可能）。加えて，ステーションバスによるSCADAなどとの接続が可能。

<非コア機能バリエーション>

- B1：事故時電流／電圧値の記録機能あり
- C1：通信サービスによる整定変更なし（事前整定）
- C2：通信サービスによる整定変更あり

機能の実装パターンを検討し，バリエーションとして記述する。

〔6〕 要求性能

<機能に関わる事項>

方向距離保護方式のアルゴリズム（ロジック）や各保護要素，トリップ出力条件などの機能および性能について，ユーザ仕様を明記する。例えば，方向距離保護要素の特性図，タイマや整定範囲，各保護要素の検出から動作までの処理時間などが挙げられる。記載内容としては，従来の各電力会社が規定している標準仕様書相当の内容が該当するが，本BAP例では記載を割愛する。

IEC 61850で標準的に規定される論理ノードやデータオブジェクトのほかに，拡張事項がある場合は指定および説明する必要がある。

<通信に関わる事項>

装置間にGOOSEやSV，Reportなどの通信サービスを使用する場合に，適用する通信サービスの種類や伝送遅延時間などを指定する。本BAP例を以下に示す。GOOSEやReportに関わるアプリケーションについて別BAPで定義する場合は，参照BAPを明記する。

- MU－IED（方向距離保護方式）間の伝送：プロセスバスにおいて，SV，GOOSEを適用する。

伝送遅延時間：2 ms 以下

- IED（方向距離保護方式）-再閉路機能間の伝送：ステーションバスもしくはプロセスバスにおいて，GOOSE を適用する。

  伝送遅延時間：2 ms 以下

- IED（方向距離保護方式）-SCADA 間の伝送：ステーションバスにおいて，Report を適用する。

  伝送遅延時間：50 ms 以下

〔7〕 アクタ単位のデータモデル

アクタ単位でBAP として定義するデータモデルを記述する。BAP として，IEC 61850-7-4 において，オプション要素として規定されているデータオブジェクトやデータ属性に対して，実装要件の対象を明記する。

実装要件とする対象は，規格で定められている必須実装要素，オプション要素に関係なく，“R” として表現し，当該 BAP を実現するための機能実現上必須要素であることを表現する。

本 BAP 例におけるデータモデルを**表 3.2** に示す。本 BAP 例における，方向距離保護要素を表現する論理ノード “PDIS” のみを記載する。また，1～3 段などインピーダンス特性ごとに PDIS を用意するが，今回は 1 段分のみを記載する。

表 3.2 PDIS1 のデータモデル例

方向距離保護方式				機能バリエーション					備考
LN	DO	CDC	DA	A1	A2	B1	C1	C2	
PDIS1	STr	ACD	general dirGeneral q t	R	R	R	R	R	故障検出開始
	Op	ACT	general phsA phsB phsC neut q t	R	R	R	R	R	動作

表3.2　PDIS1のデータモデル例（つづき）

方向距離保護方式				機能バリエーション					備考
LN	DO	CDC	DA	A1	A2	B1	C1	C2	
	FltPhV	WYE	phsA phsB phsC neut			R			故障検出時の電圧計測値（故障時のどの電圧値を記録するかは，FitValTyp により決定する）
	FltA	WYE	phsA phsB phsC neut			R			故障時の電流計測値（故障時のどの電流値を記録するかは，FitValTyp により決定する）
	PoRch	ASG	setMag units					R	モー特性の直径 PoRch＝PctRch＋PctOfs
	PhStr	ASG	setMag units					R	検出開始のための閾値（相）
	GndStr	ASG	setMag units					R	検出開始のための閾値（零相）
	DirMod	ENG	setVal					R	検出方向の設定　以下の設定が可能（方向を指定した場合，指定した方向の保護要素のみが動作する） 1：NonDirection 2：Forward 3：Reverse
	PctRch	ASG	setMag units					R	モー特性のうち，リーチの長さ
	PctOfs	ASG	setMag units					R	モー特性のオフセット
	RisLod	ASG	setMag units					R	負荷領域の抵抗特性
	AngLod	ASG	setMag units					R	負荷領域のアングル設定
	TmDlMod	SPG	setVal					R	動作遅延タイマの活殺 true の場合，OpDlTmms が利用可能
	OpDlTmms	ING	setVal units					R	Op 動作条件成立から，Op までの動作遅延タイマ
	GndDlMod	SPG	setVal					R	地絡時の動作遅延タイマの活殺 true の場合，GndDlTmms が利用可能

表3.2 PDIS1のデータモデル例（つづき）

方向距離保護方式				機能バリエーション					備考
LN	DO	CDC	DA	A1	A2	B1	C1	C2	
	GndDlTmms	ING	setVal units					R	地絡時の Op 動作条件成立から，Op までの動作遅延タイマ
	X1	ASG	setMag units					R	リアクタンスリレー整定値
	LinAng	ASG	setMag units					R	ブラインダのアングル設定
	RisGndRch	ASG	setMag units					R	地絡時のブラインダ整定値
	RisPhRch	ASG	setMag units					R	各相のブラインダ整定値
	RsDlTmms	ING	setVal units					R	リセット条件が成立した時点から，リセットとなるまでの時限タイマ
	FltValTyp	ENG	setVal			R			故障時のアナログ値の記録について，以下の設定が可能 1：At Start Moment 2：At Trip Moment 3：Peak Fault Value

なお，IEC 61850-7-4 に基づいたデータモデルを記載するが，要求性能などユーザ独自の機能を実装し，かつ対応するデータモデルが存在しない場合は，新たな論理ノード，データオブジェクト，データ属性を作成することも可能である。上記の場合，BAP 内で機能を定義・明記するとともに，データモデルとしても定義する必要がある。

〔8〕 通信サービス

本 BAP 例にて使用する通信サービス例を以下に示す。

- 状態表示：BRCB（IED－SCADA 間），GOOSE（MU－IED 間）
- 計測値：URCB（IED－SCADA 間）
- 整定：SGCB（IED－SCADA 間）
- VT/CT 情報：SV（MU－IED 間）

また，各種バリエーションにおいて，適用される通信サービスを**表 3.3** に示

表3.3　各種バリエーションに使用する通信サービス

（a）A1（GOOSE，SV 使用不可）

通信サービス	機能バリエーション			
	A1	B1	C1	C2
Report（BRCB）	✓			
Report（URCB）	✓			
SampledValue Publisher				
SampledValue Subscriber				
GOOSE Publisher				
GOOSE Subscriber				
SGCB				✓

（b）A2（GOOSE，SV 使用可能）

通信サービス	機能バリエーション			
	A2	B1	C1	C2
Report（BRCB）	✓			
Report（URCB）	✓			
SampledValue Publisher				
SampledValue Subscriber	✓	✓	✓	
GOOSE Publisher	✓	✓	✓	
GOOSE Subscriber	✓	✓	✓	
SGCB				✓

す。

〔9〕 実機に関わる要件

本 BAP 例では，要件定義を割愛するが，通信サービスに GOOSE または SV を使用する場合，通信ネットワーク構成や通信帯域を考慮する必要がある。また，IEC 61850 における quality の扱い（実機の状態に応じた quality の処理方法の取決め）なども本事項で記載する。なお，本 BAP 事例では記載を割愛する。

〔10〕 命 名 規 則

命名規則の衝突を回避するため，基本的に BAP 単位で命名規則は定めないことが推奨される。

〔11〕 **試験に対する能力**

本 BAP 例では記載を割愛する。IEC 61850-10-3[1)] による。IEC 61850-10-3 は，システムとしての機能確認試験に焦点を当てた規格である。

3.1.3 BAP 整備によるエンジニアリング業務への貢献

BAP が定まれば，変電所保護監視制御システム構築に必要な要件を提示することが可能となる。BAP がシステム仕様の骨子となるため，システム設計時 BAP 配置設計を終えれば，おのずと装置配置および必要装置数，システムとしてのつながり（通信による接続関係）が決定されることとなる。

さらに，3.2 節にて述べる BAP の SCL 化が実現されると，トップダウン方式における SSD ファイル作成時に，SST により BAP の指定が可能となり，BAP を充足する ICD ファイルの選定，配置などを自働化することが可能となりうる。したがって，工事エンジニアリング業務において，BAP を指定した SSD ファイル作成を行うことで，システム設計の大半が完了することとなり，これまでの業務量を大幅に削減することが可能となる。

また，BAP を充足するソフトウェアをメーカごとにソフトウェア形式として登録するとともに，各種 BAP を組み合わせて実現可能な装置をハードウェア形式として登録することによって，ソフトウェアとハードウェアの分離を図ることが可能となりうる。これにより，ハードウェアに依存せず，ソフトウェアの組合せを任意に行うことが可能となり，装置製作が容易となりうる。また，ソフトウェアとハードウェアが分離することにより，装置不良時対応として，適用可能な予備のハードウェアに必要なソフトウェアを実装するのみで，装置不良前と同等の機能を具備させることが可能となる。

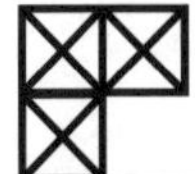

3.2 SCL を介した国内のエンジニアリング業務の変化（トップダウン方式）

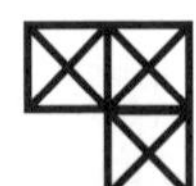

従来のエンジニアリングプロセスにおいて，開発エンジニアリングでは，標準装置の形式品登録，単線結線図，基本設計書作成など，大部分を人間系が介

在するトップダウン方式を採用している。システム構築時の工事エンジニアリングでは，装置仕様の把握や装置間の制御ケーブル設計など，ボトムアップ方式による設計が必要となり，多くの労力と時間を要している。

上記に対し，IEC 61850 を適用したエンジニアリングプロセスは，装置間および機器間の情報交換が通信設定により実施可能であるため，SCL に基づく各種設定ファイルを介したトップダウン方式を採用することが可能となる。そのため，上記ボトムアップ方式が必要とする多くの労力と時間を省略でき，業務の大幅な効率化を図ることができる。

トップダウン方式を採用した場合の各エンジニアリング業務の全体概要を**図 3.9** に示す。図 3.9 に示すように，開発エンジニアリングにて，BAP を策定，BAP を実現するソフトウェアを開発し，当該ソフトウェアのソフト形式として登録するとともに，ソフトが実装される装置をハード形式品として登録する。また，ソフト形式とハード形式の組合せを定め，ソフト形式の ICD ファイルをデータベース化する。

その後，工事エンジニアリングにて，BAP を用いた SST によるシステム仕様の設定・設計（SSD ファイル作成），データベース化された各種 ICD ファイルと SCT によるシステム全体の設定（SCD ファイル作成），ICT による個別

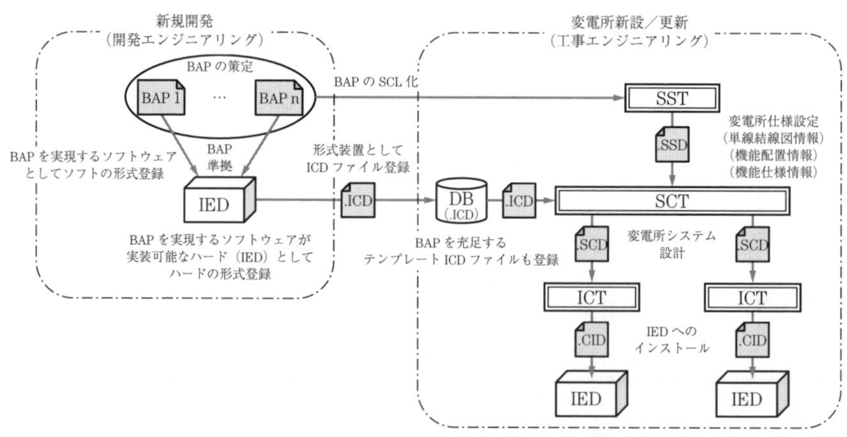

図3.9　トップダウン方式のエンジニアリングプロセス概略図（IEC 61850 適用）

IEDの設定（CIDファイル作成）を実施することで，システム全体構築を行う。

また，現在，IEC 61850-7-6およびIEC 61850-90-30制定のためのタスクフォースにおいて，ドキュメントとして作成されるBAP自体をSCL化し，システム仕様設定を表現するSSDファイル内に記述する取組みが進行している（3.3節にて後述）。したがって，長期的な目線において，SSDファイルには，単線結線図情報と機能配置のみならず，システムの機能仕様も内包されることとなる。そのため，SSDファイル作成時点で，システムの骨子を定めることができ，SSDファイル（内のBAP）に従う装置選定とシステム構築が可能となるため，より一層効率化されたトップダウン方式のエンジニアリングが可能となる将来が予想される。

ICDファイルについては，形式登録済装置のICDファイル以外にも，BAPを充足する標準テンプレートICDファイルもデータベースに登録しておくことで，適用メーカ装置が定まっていない場合にも，標準テンプレートICDファイルを用いてシステム設計を行い，SCDファイルの作成を可能とするなどの方策が考えられる。また，上記と同様な思想で，電力会社（ユーザ）が要求するIED仕様を，**ISD**（IED specification description）ファイルとしてSCLにて表現する検討がIEC 61850-90-30のタスクフォースにて実施されている。今後の動向に注視する必要がある。

メーカ装置確定後に，あらかじめ作成したSCDファイル内の当該装置の箇所をメーカ装置のICDファイルに置換することにより，システム全体設計を崩すことなく，システム構築が可能となりうる。

3.2.1　工事エンジニアリング（IEC 61850適用）

工事エンジニアリングとして，従来から変電所保護監視制御システム仕様検討として実施している業務（単線結線図の作成や適用する各種装置の選定（機能配置含む）など）は，IEC 61850におけるSSTおよびSCTによる設計・設定に該当する。すなわち，変電所保護監視制御システムの仕様検討，設計業務はSSDファイルおよびSCDファイルの生成業務に置き換えることができる。

IEC 61850 を適用した場合の工事エンジニアリングのエンジニアリングフロー図を**図 3.10** に示す。また，図 3.10 中の各ステップにける実施事項および諸資料について，代表例を**表 3.4** に示すとともに従来との変更点を示す。

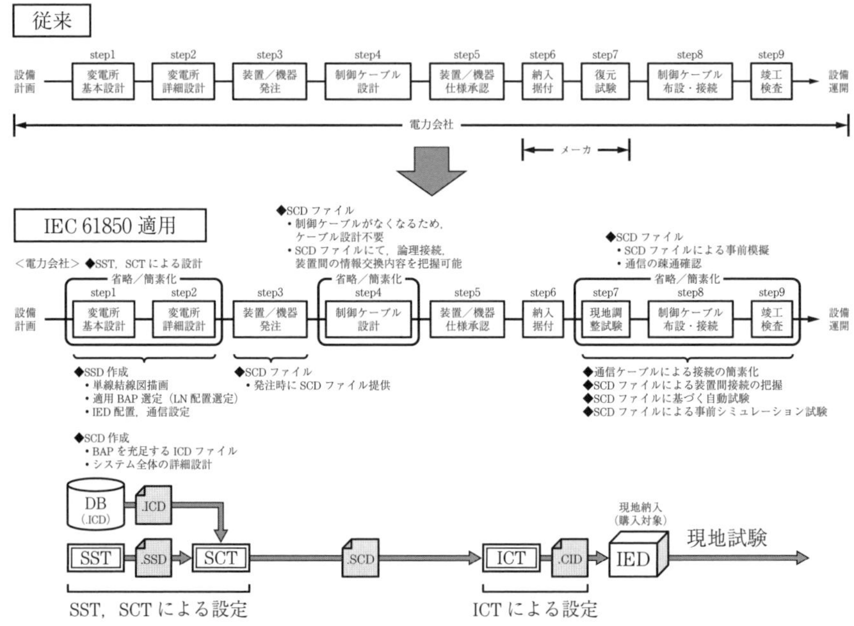

図 3.10　工事エンジニアリングフロー概略図（IEC 61850 適用）

〔1〕 基本設計書

工事全体の基本設計，設計思想をまとめた設計書である。基本設計書作成時に，採用する各装置の仕様として BAP を参照するとともに，システム全体設計として，SST および SCT による SCD ファイル作成を実施する。

トップダウン方式を採用する場合，開発エンジニアリング（3.1.1 項にて前述）にて作成した BAP に対応した ICD ファイルをデータベースとして保有すること，標準テンプレート ICD ファイルを用意しておくことを前提とする。

表 3.4 工事エンジニアリング（IEC 61850 適用）における実施概要

step	実施項目	実施概要 （変電所保護制御システムに関わるもののみ抜粋）	諸資料
1	基本設計	・機器／**適用 BAP**・装置の選定（変電所の規模，重要度を考慮） ・機器レイアウト検討 ・単線結線図作成 **・SSD，SCD ファイル作成**	**BAP** 基本設計書 機器配置平面図 単線結線図 **SSD，SCD ファイル**
2	詳細設計	・各種装置，機器の詳細設計（**SSD，SCD ファイル作成**） ・装置間および機器間のインタフェース，接続方法の検討（**SSD，SCD ファイル作成**）	**BAP** 基本設計書 **SSD，SCD ファイル**
3	装置／機器発注	・購入装置／機器の購入仕様書作成 (標準品を適用可能である場合，**BAP，SSD，SCD ファイル作成**）	購入仕様書 BAP SSD，SCD ファイル
4	制御ケーブル設計	**SCD ファイル内に，情報交換内容の記載があるため，接続関係の把握が可能** **装置間の接続は，通信により実施されるため，制御ケーブルの選定や布設図作成は省略／簡素化可能** ・機械的強度を考慮したケーブル線種選定 ・MCCB トリップ時間と制御ケーブル耐量の協調計算 ・DC 制御ケーブル　電圧降下計算 ・AC 制御ケーブル　電圧降下計算 ・PT 二次回路ケーブル　定格負担協調，電圧降下計算 ・CT 二次回路ケーブル　定格負担，CT 裕度計算 ・制御ケーブル積算（線種，使用本数算出），布設図作成 **・通信ネットワークの帯域計算やデンス遅延の検討**	制御ケーブル検討書 制御ケーブル布設図 **SCD ファイル** **通信ネットワーク設計**
5	装置／機器仕様承認	・製作確認図（技術検討図）の確認 (電気所ごとの特殊事項を反映確認，他装置インタフェース確認）	製作確認図 工場試験記録
6	納入据付	・装置／機器搬入据付	—
7	復元試験	**SCD ファイルに基づく事前シミュレータ試験が可能** ・復元試験（工場からの装置輸送により，機能および性能に変化がないことを確認）	工場試験記録 現地試験要領書 現地試験成績書
8	制御ケーブル布設／接続	**SCD ファイル内に，情報交換内容の記載があるため，接続関係の把握が可能** **通信ケーブルによる接続** ・制御ケーブル布設 ・制御ケーブル接続	制御ケーブル布設図
9	竣工検査	**SCD ファイルに基づく事前シミュレータ試験が可能** ・必要となる下記　諸試験の実施法案検討 ・各電力会社の保安規定に基づく竣工検査 ・法定検査	試験要領書 工事検査記録書

表中灰色部は，省略／簡素化が可能なステップ

ユーザは，実現したいシステムに応じたBAPと対応する装置を選定し，組み合わせることでシステムを構築する。すなわち，データベースとして登録されるICDファイルをテンプレートとして，SSTおよびSCTによりシステム設計・構築を実施し，SCDファイルを生成する。このSCDファイル内には，単線結線図情報のみならず，装置－機器の接続関係，BAPに基づく機能配置や装置間で伝達される情報が記載されるため，SCDファイル作成が基本設計の成果物となり，SCDファイル作成時点でシステム設計・構築の大部分が完了することとなる。

各装置のメーカが定まっていない場合は，標準テンプレートICDファイルを用いて，対象変電所のSCDファイルを作成する。その後，装置の発注を実施し，装置メーカ確定後，データベース内にある当該メーカ装置のICDファイルをSCDファイル内のテンプレートICDファイル部位との置換えを行うことで，システム設計を継続することができる。

〔2〕 機器配置平面図

従来の工事エンジニアリングから大きな変更点はないが，盤配置やケーブル接続，ケーブルピット配置等の物理的な情報をSCL化する取組みがIEC 61850-90-29のタスクフォースにて検討されている。そのため，将来，SCLを活用して，変電所仕様として，機器配置などの物理的な位置情報・接続関係などを把握でき，効率的なエンジニアリングが実現する可能性がある。

〔3〕 単線結線図

単線結線図は，機器構成や各種装置の接続情報や機能配置に関する情報が記載されている。すなわち，SSTにて作成するSSDファイルに必要な情報の大部分が網羅されていることとなる。

単線結線図は，CADにて描画されることが多いが，CADのブロック機能を活用し，CADによる作図情報からSSDファイルもしくはSCDファイルの生成が可能となれば，単線結線図作図によりシステム設計・構築が完了することとなる（3.6節にて後述）。

〔4〕 **購入仕様書**

標準装置（形式品）である場合，BAPを参照させるとともに，作成済みのSSDファイルやSCDファイルを添付することが可能である。メーカとしても，機械可読の可能なファイルが提供されるため，解釈の相違などが発生せず，製作の効率化を図ることができる。また，SCDファイルの提供により，購入対象装置が加入するシステム全体像を把握できるとともに，試験環境の模擬を容易に実現可能となる。

〔5〕 **制御ケーブル検討書**

IEC 61850を適用したフルデジタル変電所であれば，装置間でやり取りされる情報は通信にて実現されるため，電源ケーブルを除くその他の制御ケーブルを接続する必要がなくなる。そのため，個別に検討していた電圧降下や協調などの検討が不要となる。IEC 61850においては，上位局との通信はIEC 61850通信サービスのReportが適用される。このReportとして送信する状態情報・計測情報は，DataSetとして登録され，SCLとして記述される。BAPごとに伝送すべき情報をReportおよびDataSetとして定めておけば，形式品の情報交換はBAP単位で標準化が可能となる。また，装置間の情報交換については，GOOSEが適用される。GOOSEとして伝達する情報もDataSetとして登録・記述されるため，Reportと同様にBAP単位で標準化が可能となる

一点，追加で検討が必要となるのが，変電所保護監視制御システムの構内通信ネットワークの設計である。情報交換が通信となるため，構築するネットワーク構成，適用する通信機器，通信帯域などの設計を行う必要がある。

〔6〕 **制御ケーブル布設図（制御ケーブル積算含む）**

SCDファイルには装置間でやり取りされる情報が記載されるため，装置間の接続を把握することができる。

すなわち，SCDファイルに基づき，制御ケーブル図相当の情報を生成することができ，制御ケーブル検討などに要する時間を大幅に削減することが

できる可能性がある。

また，装置間の情報伝達は通信で実現されるため，制御ケーブルを必要とするものは，電源ケーブルや現地 MU の計器用ケーブルなどにとどまる。そのため，制御ケーブルの積算に要する時間を大幅に削減することができる。

〔7〕 製作確認図（技術検討図）

納入予定装置は，BAP に従う。そのため，ほかの装置および機器との入出力情報も納入装置の CID/IID ファイルや生成済 SCD ファイルから把握が可能となり，システム全体像や接続関係の把握に要する時間を削減することができる。

〔8〕 工場試験記録

従来の工事エンジニアリングから変更点はない。

〔9〕 現地試験要領書（現地試験成績書）

確認試験の実施自体に変更はないが，SCD ファイルをもとに，自動試験環境を容易に構築し，シミュレータ試験が可能となるため，人間系による試験の実施量が少なくなる可能性がある。ただし，電力会社ごとの運用に依存する。

例えば，フルデジタルのシステムである場合，装置はハードウェアとしての接点入出力部や電気量の入力変換器が具備されない。装置に対する外部入力は通信によるデータのみであるため，ソフトウェアのみの健全性が確認できればよい。工場試験などで，SCD ファイルをもとに関連する他装置をシミュレータにより模擬がなされていれば，現地試験での確認は，他装置との論理接続確認，代表ケースの試験を実施するのみで健全性を確認できる。

〔10〕 試験要領書，工事検査記録書

確認試験の実施自体に変更はないが，SCD ファイルによる事前シミュレーションが可能となるため，装置間の疎通確認や代表項目のみの確認，竣工検査に必要な項目の確認試験を実施するのみで装置更新や設置工事を完了させることが可能となりうる。

3.2.2 開発エンジニアリング（IEC 61850 適用）

BAPにより，装置仕様のソフトウェアとハードウェアが分離される。そのため，IEC 61850 を適用した開発エンジニアリングにておもに実施する事項は，電力会社によるBAPの作成とメーカによるBAPを実現するソフトウェアの開発となる。ハードウェアとしての確認は，開発したソフトウェアが正常に組み込まれ，異常なくBAPを充足するかの確認にとどまる。また，BAPおよびIEC 61850 の適用により開発エンジニアリングとしていくつかのステップを省略・簡素化できる可能性がある。開発エンジニアリングフロー概略図を**図3.11**に示す。また，図3.11中の各ステップにおける実施事項および諸資料について，代表例を**表3.5**に示すとともに従来からの変更点を示す。

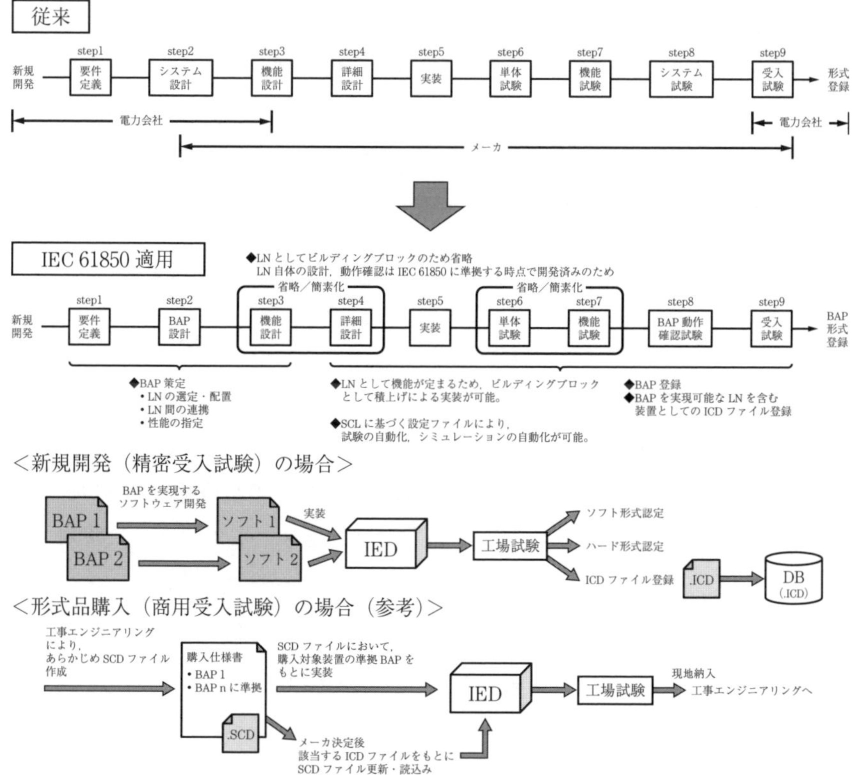

図3.11 開発エンジニアリングフロー概略図（IEC 61850 適用）

表 3.5　開発エンジニアリング（IEC 61850 適用）における実施概要

step	実施項目	実施概要	諸資料
1	要件定義	・開発装置の制御方式，計測項目，保護方式，新技術適用，保守ニーズ，操作性／保守性向上など，機能要件定義 ・処理速度などの性能検討	**BAP**
2	システム設計	**・BAP 策定** ・処理速度などの性能検討	**BAP**
3	機能設計	**（開発済みの BAP の組合せが可能である場合省略可能）** ・機能を実現するための処理検討，処理の細分化	装置仕様定義書 （≒標準仕様書） ソフトウェア仕様書
4	詳細設計	**（開発済みの BAP の組合せが可能である場合省略可能）** ・機能設計にて検討した処理をプログラムとして表現するための設計 ・適用するプログラミング言語選定，コーディング方案の策定	ソフトウェア仕様書
5	実装	・システム設計（**論理ノードのビルディングブロック**）に基づくコーディングの実施，装置への組込み	ソフトウェア仕様書
6	単体試験	**（開発済みの BAP の組合せが可能である場合省略可能）** ・各処理の確認試験（必要に応じて改良）	工場試験要領書 工場試験記録
7	機能試験	**（開発済みの BAP の組合せが可能である場合省略可能）** ・機能としての確認試験（必要に応じて改良）	工場試験要領書 工場試験記録
8	システム試験	**・BAP として定めた機能確認試験（必要に応じて改良）**	工場試験要領書 工場試験記録
9	受入試験	・要件充足判断のための確認試験 **（試験合格後，BAP を形式として登録，装置としては BAP を充足する ICD ファイルとして登録）**	工場試験記録

表中灰色部は，省略／簡素化が可能なステップ。

〔1〕 BAP（機能仕様書）

2.5 節および 3.1 節にて述べたように，アプリケーション機能単位での論理ノード構成，機能のふるまいや処理性能などを定めた機能仕様書である。BAP として策定されるアプリケーションは論理ノードの組合せで実現される。

従来の開発エンジニアリングと比較して，仕様書を作成するという手順として変化はない。しかしながら，一度，各種 BAP を実現するソフトウェアの開発を終えてしまえば，新規装置開発は，複数 BAP の組合せ，すなわち BAP をビルディングブロックとして積み上げることで完了する。

さらに，BAP の SCL 化が実現されれば，機械による自動解釈が可能な仕様書として扱うことが可能となり，人間系の介在を少なくし，効率的な開発を図ることができる。

〔2〕 **ソフトウェア仕様書**

BAP を充足するソフトウェアのコーディングのための仕様書であるが，IEC 61850 として規定のある論理ノードであれば，用途や処理が定まっている。そのため，すでに開発が完了している各種論理ノードをビルディングブロックとし，機能仕様を実現できることとなる。したがって，機能設計や詳細設計を省略することが可能となりうる。ただし，規格にない論理ノードやデータオブジェクトの新規定義や拡張を行う場合は，詳細に仕様定義が必要となる。

〔3〕 **工場試験要領書，工場試験記録**

IEC 61850 の適用により，保護機能および制御機能は，論理ノードなどの情報モデルとして実現される。そのため，試験対象装置の模擬，関連装置の模擬など，容易にシミュレーション試験が可能となるとともに，BAP に応じた試験環境の自動構築も可能となりうる。

BAP を充足するソフトウェアおよび装置の開発完了後には，BAP および BAP を充足する装置および ICD ファイルを形式登録するとともに，データベース化を実施する。

電力会社として，メーカ装置の ICD ファイル以外にも，システム構築に必要なデータベースとして各種 BAP を充足する標準テンプレート ICD ファイルを登録しておくことで，テンプレート ICD ファイルのみでシステム構築・設計，さらにはシミュレーションなどが可能となる。

3.3 BAP の SCL 化

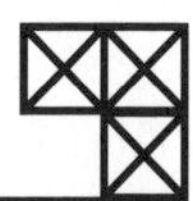

BAP は現状，各アプリケーション仕様を UML 図により表現するとともに，必要な論理ノードやデータオブジェクト，データ属性が紙および電子ベースの

機能仕様書として作成されている。したがって，BAP として定められる機能仕様書をソフトウェアとして実機に落とし込む際に，人間系の解釈を必要としている。

より一層の自動化・効率化を目指して，至近では，BAP の記載内容自体を SCL にて機械可読として記述し，SSD ファイルの一部として組み込むことが，IEC 61850-7-6 タスクフォースメンバにより検討されている。さらに，BAP ツールの作成や UML モデリングツールを使用することにより，ドキュメントとしての BAP を自動生成することも検討されている。BAP の SCL 化を目指したロードマップを**図 3.12** に示す。

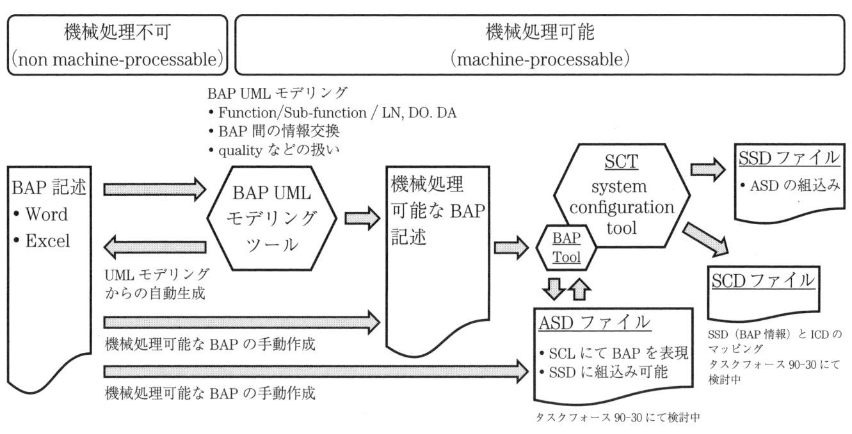

図 3.12　IEC 61850-7-6　BAP の SCL 化　ロードマップ
（タスクフォース資料に基づき作成）

BAP は，UML 図を用いて作成される。UML 図から自動コーディングが可能であることに着目し，UML モデリングツールを使用して，BAP として作成した UML 図から機械処理可能なデータファイルや Word および Excel ファイルに変換する。それを用いて，別途 BAP ツールによる SCL 化を目指している。SCL 化された BAP は，**ASD**（application specification description）ファイルとして生成され，SST および SCT により読込み可能となる。そして，SST および SCT から，SSD ファイルあるいは SCD ファイルへの組込みがなされる。

上記に対し，SCD ファイルへの組込み表現の実現策として，IEC TR 61850-90-30 のタスクフォースメンバにより，Function 要素や SubFunction 要素の使用方法や拡張方法について，検討が開始されている。

BAP の SCL 化が実現されると，SSD ファイル内に仕様として，適用 BAP の条件が記載されるため，SCD 作成断面において使用可能な装置が自動的に選定され，効率的にシステム設計が可能となる。また，SSD ファイルもしくは SCD ファイルを購入仕様書に添付し，装置発注を行うことにより，メーカとして，装置仕様および納入装置の適用環境を把握することが可能となり，装置製作の効率化を図ることが可能となる将来が予想される。

本書においては，上記構想について規格化検討中であるため，当該内容について記載を割愛するが，最新動向については注視することを推奨する。

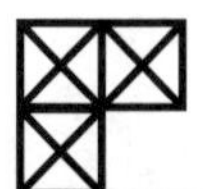

3.4　監視制御卓画面の自動生成

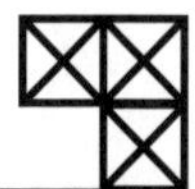

これまで，監視制御卓画面の開発として，単線結線図のレイアウトや警報表示，各種制御指令画面など，監視制御卓画面へのシンボル表示と各種装置から伝達される状態値などの情報とのひもづけは，人間系により実施しており，開発に多くの労力と時間を要している。

IEC 61850-6-2 のタスクフォースにおいて，SSD ファイル情報を含む SCD ファイルに記載される情報のうち，単線結線図など機器と各種 IED 装置，各種 IED から伝達される情報から，HMI などの監視制御卓画面を自動生成する取組みの検討がなされている。本項では，IEC 61850-6-2 について，概要を説明する。

IEC 61850-6-2 は，SCL を用いた HMI 構築方法と HMI 構築に必要な設定情報の標準化・構築のための仕組みの制定を目指している。また，ユーザ仕様に依存する HMI 画面に表示するシンボルなどの形状や表示方式などは標準化のスコープ外としている。

IEC 61850-6-2 では，HMI 構築に必要な情報を，SCL に基づく新たな記述ファイルとして，**GCD**（graphical configuration description）ファイルと **HCD**（HMI configuration description）ファイル，**HAD**（HMI application description）ファイルを定義している。また，HMI 構築に必要なツールとして新たに，**GCT**（graphical configuration tool），**HCT**（HMI configuration tool）を定義している。上記の設定ファイルおよびツールを用いた IEC 61850-6-2 の概念図を**図 3.13** に示す。

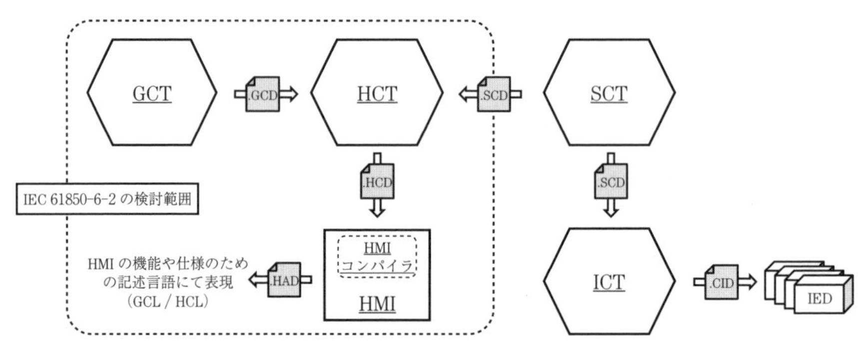

図 3.13　IEC 61850-6-2 による HMI 構築の概念図
（タスクフォース資料に基づき作成）

HMI 画面の構成部品となる図形を GCT により定め，その情報が GCD ファイルとして記述される。GCD に使用される図形データは，W3C によって開発されたオープン標準である **SVG**（scalable vector graphics）と呼ばれる画像ファイルであり，XML で記述される。

図形データなどの HMI 構成部品情報が記述される GCD ファイルおよび変電所構内などのシステム構成が記述される SCD ファイルを HCT に読み込ませ，HCT にて各図形データの表示方法やレイアウトおよび，装置から伝送される情報とのマッピング定義などを行う。したがって，HCT により HMI としての処理を設定するものである。さらに，HCT においてマッピングをあらかじめ定めておくと，SCD ファイル内に記述されている情報から，機器番号および名称の自動付与や，機器動作回数の自動表示などが可能となる。

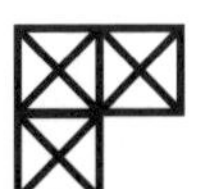

3.5 ポジション情報としてのSCL活用

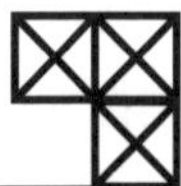

既存のシステムにおいて，上位局である給電・制御所が現地の遠隔監視装置に対して，どのような情報を送受信するのか，また送受信する情報と給電・制御所監視卓の表示とのひもづけを対応付けるのかなどについての設定は，遠隔監視装置のポジション表と呼ばれる送受信情報の一覧表により実施されている。

ポジション表は，既存の通信方式のそれぞれどのフレーム，ワード，ビットにより情報が伝送されるのかを示した資料であり，ExcelやWord資料として作成され，資料の運用が閉じてしまっている。また，遠隔監視装置に伝送されるポジション（フレーム，ワード，ビット）自体は意味をなさず，ポジション表を読み取る人間系による解釈が介入して初めて意味をなすため，人間系の介在は必要不可欠である。したがって，装置，設備が新たに設置される場合，遠隔監視装置が更新されるため，給電・制御所監視卓の表示とのひもづけ対応の設定を更新する必要があるが，設備新設や更新工事において，これらの設定変更は，紙ベースのポジション表を人間系で読み解き，変更内容の設定も人間系で実施している。

一方，IEC 61850を適用した変電所保護監視制御システムでは，給電・制御所と変電所をつなぐ遠隔監視装置として，**Proxy/Gateway**が設置される。このProxy/Gatewayは，IEC 61850-90-2にて制定されている。なお，現在IEC 61850-90-2のEdition 2に相当する内容をIEC 61850-80-6として制定するためのタスクフォースが活動中である。Proxy/Gatewayとは，給電・制御所と送受信されるIEC 61850通信サービスによる下り情報および上り情報を現地構内の監視制御装置や保護装置などのIEDへ中継する役割を担う装置である。Proxy/Gatewayは，給電・制御所に対して，給電・制御所をClientとし，そのServerとして振る舞う。一方で，変電所構内の各種装置に対してはClientとして振る舞う。この処理がプロキシおよびゲートウェイそのものであり，Proxy/Gatewayと名を冠する所以（ゆえん）である。

Client－Server の関係が 2 種類存在するため，**図 3.14** に示すように，給電・制御所など **WAN**（wide area network）側向けの SCD ファイル，変電所構内向けの SCD ファイルが構築される[2)]。

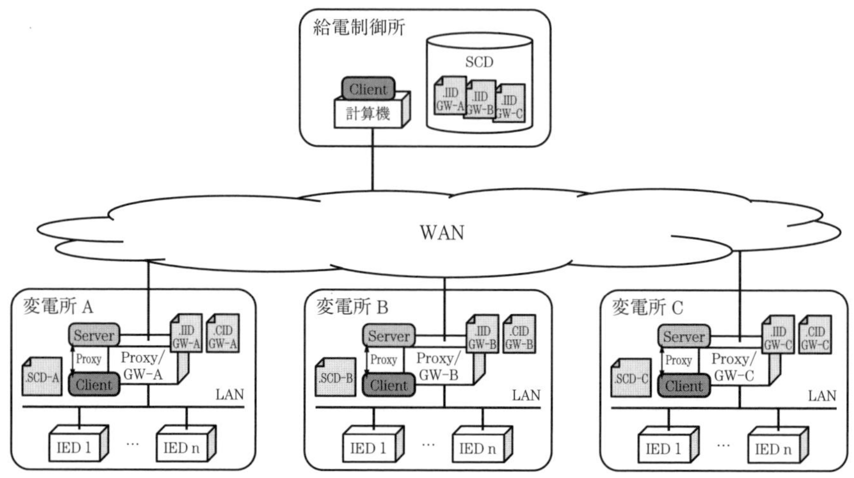

図 3.14　IEC 61850-90-2 に定義される Proxy/Gateway

WAN 側向けの SCD ファイル構築において，WAN 側システム構築のための SCT が存在することとなり，各 Proxy/Gateway の CID ファイルもしくは IID ファイルも存在する。この Proxy/Gateway の CID ファイルもしくは IID ファイルに，上位局へ Report として送信する状態情報・計測情報が，DataSet として登録され，記述される。そのため，BAP として各アプリケーションで必要な情報伝送として Report の内容を定めておけば，BAP に従う装置の情報交換の内容およびインタフェースは標準化されることとなる。加えて，3.4 節で述べた IEC 61850-6-2 による HMI 画面の自動生成が可能となりうる。

以上より，SCL に基づく設定ファイル（Proxy/Gateway の ICD ファイル，IID ファイル）を媒介し，給電・制御所が読み込むことで，監視制御装置に対して送受信する情報を把握し，監視制御卓への画面表示を自動生成することが可能となりうるため，より一層の効率化を期待できる。また，保護装置，制御装置の更新の場合においても，BAP に準ずる装置であれば送信内容が変更となることはない。

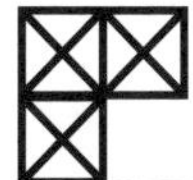

3.6 単線結線図作成によるトップダウンエンジニアリングの可能性

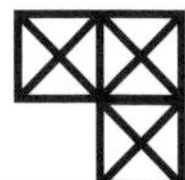

これまでに述べたように，SSD ファイル情報を含む SCD ファイルでは，単線結線図などの機器接続情報に加え，機器と IED などの装置との接続関係，IED 間の接続情報（情報伝達の関係性），各 IED からの上り情報，上位局からの下り情報などの情報が記載される。3.4 節に示した IEC 61850-6-2 のタスクフォースにて検討されているように，監視制御卓画面を，SCD ファイル記載される情報から生成する仕組みを構築することを目指している。

上記とは逆に，製図ソフトなどの別ツールにて変電所の単線結線図を描画することで，SSD ファイルや SCD ファイルを生成することも可能である。実際に，SCT の製品の一つである Helinks 製 STS[3]では，STS 内で単線結線図の描画と IED などの各種装置の接続関係を描くことで，SCD ファイルの自動生成が可能となっている。

ここで，単線結線図には情報として，機器構成，機器と各種装置との物理的な接続関係，各種装置に具備される機能などの情報が記載される。すなわち，単線結線図を作図するということは，変電所保護監視制御システムの設計を実施していることと同義である。電力会社の工事エンジニアリングにおいて，工事の基本設計として単線結線図を作成するが，単線結線図を図として終わらせるのではなく，製図した単線結線図情報を SCT に読込み可能な SSD ファイルもしくは SCD ファイルとして変換することが可能であれば，より一層の効率化を図ることが可能となると思料する。

国内の電力会社が作成している単線結線図に目を向けると，単線結線図の製図には CAD を使用していることが多い。そのため，これまで培ってきた文化を崩すことなく，CAD で製図した単線結線図を SSD ファイルもしくは SCD ファイルに変換するツールが開発されれば，上記の実現により一層近づく。CAD の機能として，図形をオブジェクト化し，かつ属性情報を付与できるブロック機能が存在するため，SCD ファイルに必要な情報を各図形ブロック，ブロック属性として定義し，SCD ファイルへ組込み可能な XML 情報として変換することで，単線結線図が持つデータ構造を SCD ファイルとして使用することが可能となりうる。

すでに SCT による SCD ファイル生成は可能ではあるが，上記のようなツールが実現（開発）されれば，既存の運用に沿った単線結線図を用いながら，トップダウン方式の実現が可能となりうる。

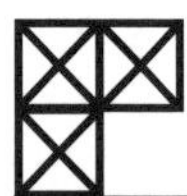

3.7　制御ケーブル布設図相当としての SCL 活用

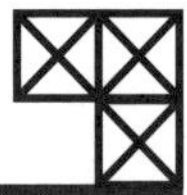

これまでのシステムでは装置間の情報伝達には，制御ケーブル接続による電圧／電流渡しが用いられてきた。IEC 61850 を適用した場合，これらの情報は LAN ケーブルや光ケーブルを媒体とした Report や GOOSE などの通信サービスにより実現される。そのうえ，これらシステムに適用している通信サービスは，SCD ファイルに記述され，加えて，システムを構成するすべての IED の情報が記述される。そのため，IED 間を GOOSE でやり取りされる情報，上位局に Report として送信する状態情報・計測情報もすべて DataSet として記述される。さらに，GOOSE の送信 IED，受信 IED の関係などの通信設定についても記述されるため，SCD ファイルを読み込むことで，通信設定の自動把握・接続関係の描画が可能となる。実際に，システム試験用のソフトウェアであるものの，OMICRON 製 StationScout[4)] は，SCD ファイルを読み込むだけで通信ネットワークの論理接続情報と Report や GOOSE の送受信関係と送受信内容を読み取り，描画が可能となっている。

上記のように，SCD ファイルを適切に作成することで，SCD 読込みのみで，これまで制御ケーブル布設図として管理していた装置間の接続関係を把握可能となることが期待できる。また，BAP としてアプリケーション単位で GOOSE の内容を定めておけば，形式品の情報交換は標準化されるとともに，機械可読が可能となり，接続関係を表現する資料作成の自動化を図ることができる。

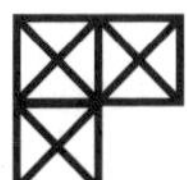

3.8　通信ネットワーク構成図としての SCL 活用

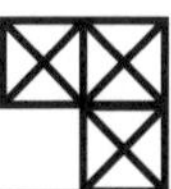

IEC 61850 を適用したフルデジタル変電所保護監視制御システムでは，情報伝達の主体が通信となる。変電所構内の通信ネットワーク体系の構築やトラフィック管理など，構内通信ネットワークの監視・管理が重要となると考えられる。これまで使用されてきた単なる HUB ではなく，Ethernet レベルの交通整理を目的とした **L2SW**（layer 2 switch）もしくは IP レベルの交通整理のための **L3SW**（layer 3 switch）を適用する必要がある。将来は，単線結線図と状態表示のみの変電所保護監視制御システムの監視だけではなく，**SNMP**（simple network management protocol）などによる変電所構内通信ネットワークの監視も重要となることが予想される。

そのため，IEC 61850 に対応し，自装置を論理ノードなどの情報モデルで表現可能な L2SW および L3SW などの通信機器が登場することが予見され，その場合は通信機器の情報も SCD ファイルなどに記述することが可能となる。実際に，IEC 61850-90-4 において，通信ネットワーク構成に関する SCL 記述方法や通信ネットワーク監視に関わる論理ノードの規定がなされている[5)]。

上記のように，構内通信ネットワークに関わる情報が SCD ファイルに記述され，機械可読が可能となれば，3.4 節に示した HMI 画面の自動描画に加え，通信ネットワーク図や通信内容の自動描画・表示が可能となることが期待される。

引用・参考文献

1）IEC TR 61850-10-3:2020 Communication networks and systems for power utility automation – Part 10-3: Functional Testing of IEC 61850 based systems（2020）

2) IEC TR 61850-90-2:2016 Communication networks and systems for power utility automation – Part 90-2: Using IEC 61850 for communication between substations and control centres（2016）
3) https://www.helinks.com/ （2024 年 11 月現在）
4) https://www.omicronenergy.com/en/products/stationscout/ （2024 年 11 月現在）
5) IEC TR 61850-90-4:2013 Communication networks and systems for power utility automation – Part 90-4: Network engineering guidelines（2013）

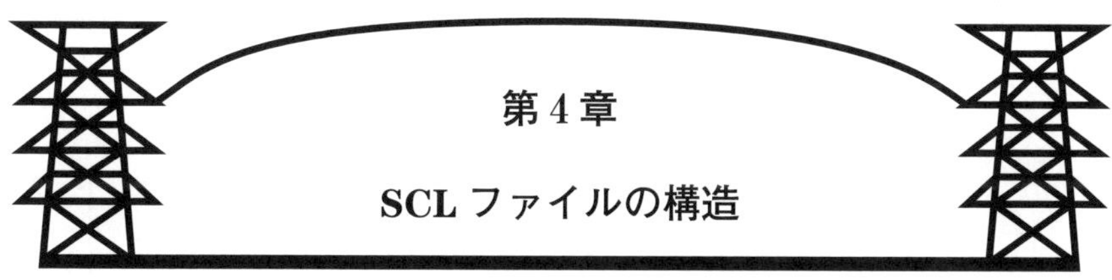

第 4 章

SCL ファイルの構造

本章では，IEC 61850-6[1)]にて定義される SCL スキーマによる SCL 構造について説明する。SCL スキーマとは，SCL の記述ルール（XML 要素や属性の定義など）を定めるものである。この SCL スキーマにより，機械可読および構文チェックが可能となる。IEC 61850 では，オブジェクト指向の情報モデルを適用しており，SCL 要素においてもその思想が適用されており，スキーマにて定義されている[†1]。また，IEC 61850 では，オブジェクト指向の情報モデルの図表現として「UML」を採用しており，IEC 61850-6 においても多用されている[†2]。

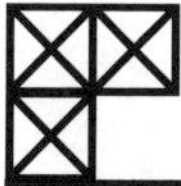

4.1 SCL と SCL スキーマの概要

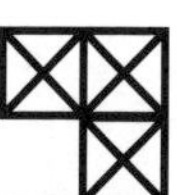

4.1.1 SCL と SCL スキーマの関係性

SCL に基づく設定ファイル（以降，SCL ファイル）に，変電所の情報や変電所保護監視制御システムの情報が SCL 要素および属性として表現される。SCL スキーマファイルとは，SCL 要素および属性のタイプや出現数など機械可読の書式定義を行うファイルである。

次項で後述するが，SCL ファイルに使用される要素名称と，SCL スキーマ定義として使用される要素名称には，接頭辞の有無，大文字小文字などの命名

---

†1 XML の記述内容および XML スキーマの記述内容の概要については，付録 A にまとめているため，参照願いたい。

†2 SCL および SCL スキーマの説明を始めるにあたり，まず，UML 図の読み方も理解する必要があるが，付録 B に UML についてまとめたため，参照願いたい。

規則を設けている。接頭辞が付与されている要素名は，SCL スキーマ定義として使用されることを表す。SCL ファイルと SCL スキーマファイルの関係性を示したイメージ図を**図 4.1** に示す。

SCL スキーマファイル（SCL の記述ルール定義）

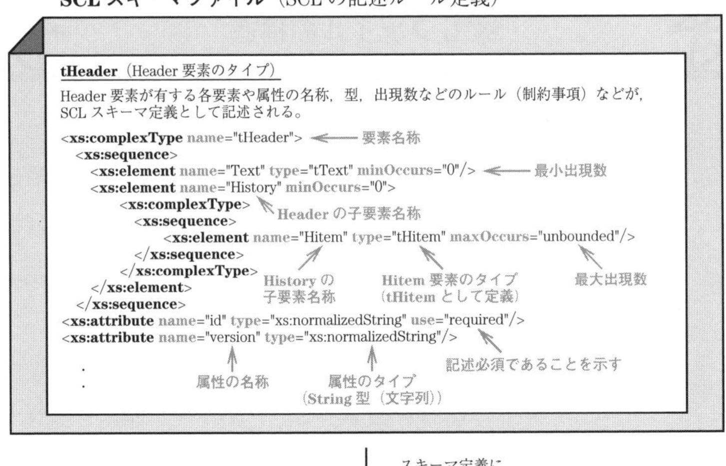

スキーマ定義に従って記述（人間系 or ツール）

SCL ファイル

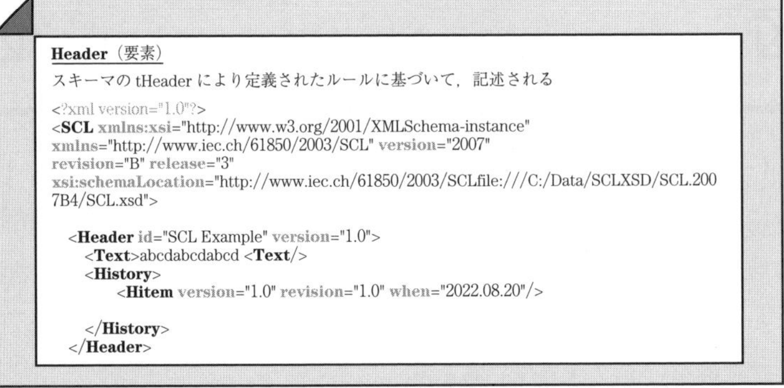

・エンジニアリングツールなどにより，SCL ファイル生成（記述）の機械化が可能
・SCL ファイルと SCL スキーマファイルの読込みにより，構文チェック可能

図 4.1　SCL ファイルと SCL スキーマファイルの関係性

4.1.2　SCL および SCL スキーマ内で利用される命名規則

SCL および SCL スキーマは，オブジェクト指向の思想を導入しており，

SCL 構文をコンパクト，かつ拡張可能に保つため，要素や属性に対し，継承構造およびコンポジションなどが導入されている。そのため，継承構造を，より規則化および明確化するためにスキーマ要素のタイプや属性に対する命名規則を以下のとおり設けている。

- ＜ SCL ＞ 要素名称は，頭文字に「大文字」を使用する（例：Substation）。
- ＜ SCL ＞ 属性名称は，頭文字に「小文字」を使用する（例：name）。
- ＜ SCL スキーマ＞ 要素および属性のタイプ名称は，接頭辞 “t” を付与する（例：tSubstation）。
- ＜ SCL スキーマ＞ 属性をグループとしてタイプ定義する場合は，接頭辞 “ag” を付与する（例：agAuthorization）。

4.1.3　SCL の全体構造

SCL の全体構造を**図 4.2** のとおり，UML のクラス図にて示す†。図 4.2 の記載内容を説明する。

- SCL に使用される基本的な要素は，“tBaseElement” タイプを継承する。
- SCL は，“tHeader” タイプに基づく “Header” 要素を必ず一つ有する。
- SCL は，“tEquipment Container” タイプを継承する “tSubstation” タイプ

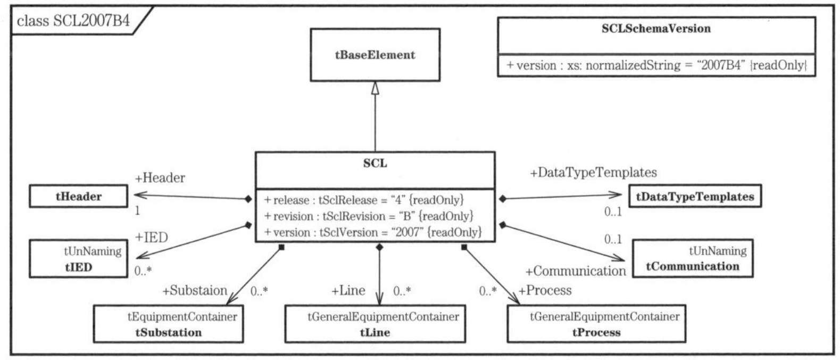

図 4.2　SCL スキーマのクラス図（IEC 61850-6 Figure 9 に基づき作成）

† UML クラス図の読み方は付録 B を参照願いたい。

に基づく “Substation” 要素を複数有することができる。

- SCL は，“tGeneralEquipment Container” タイプを継承する “tLine” タイプに基づく “Line” 要素を複数有することができる。
- SCL は，“tGenaralEquipment Container” タイプを継承する “tProcess” タイプに基づく “Process” 要素を複数有することができる。
- SCL は，“tUnNaming” タイプを継承する “tCommunication” タイプに基づく “Communication” 要素を 0 または一つ有する。
- SCL は，“tUnNaming” タイプを継承する “tIED” タイプに基づく “IED” 要素を複数有することができる。
- SCL は，“tDataTypeTemplates” タイプに基づく “DataTypeTemplates” 要素を最大一つ有することができる。

4.1.4 XSD ファイル

SCL スキーマは，**表 4.1** に示すとおり，複数の XSD ファイルにより構成される。次節以降，図 4.2 に示したスキーマ要素について説明する。なお，本書にお

表 4.1　XSD ファイルの種類

ファイル名称	説明
SCL_Enums.xsd	列挙型のデータに対して使用される XML スキーマ（共通的に使用する列挙型のデータ定義などが記載される）。
SCL_BaseSimpleTypes.xsd	各パートにて使用される basic simple types の XML スキーマ（共通的に使用する文字列などのデータの定義などが記載される）。
SCL_BaseTypes.xsd	各パートにて使用される basic complex types の XML スキーマ（共通的に使用するタイプ定義などが記載される）。
SCL_Substation.xsd	Process，Line，Substation 要素の構文定義。
SCL_Communication.xsd	Communication 要素の構文定義。
SCL_IED.xsd	IED 要素の構文定義。
SCL_DataTypeTemplates.xsd	DataTypeTemplates 要素の構文定義。
SCL.xsd	主となる SCL スキーマ構文定義であり，各 SCL スキーマのルート要素を定義（Header 要素など含む）。

いては，図 4.2 に示した SCL 要素のうち，Header 要素，Substation 要素，IED 要素，Communication 要素，DataTypeTemplates 要素のみを紹介する。また，本書の説明方法として，各 SCL 要素のクラス図と各要素が有するパラメータと用途についてそれぞれ紹介する。本章で説明する SCL 要素を用いたサンプル SCL については，5 章にて記述例を用いて説明する。

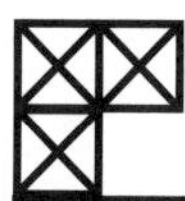

4.2 Header 要 素

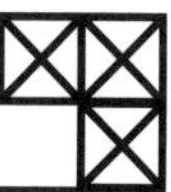

Header 要素により，SCL の構成と当該ファイルのバージョンを識別する。すべての SCL ファイルは，必ず Header 要素を有する。Header 要素のクラス図を**図 4.3** に示す。また，Header 要素が有する属性を**表 4.2** に示し，Header 要素が取りうる子要素を**表 4.3** に示す。図 4.3，表 4.2 に示すとおり，Header 要素は，子要素として Text 要素と Histroy 要素を有することができる。

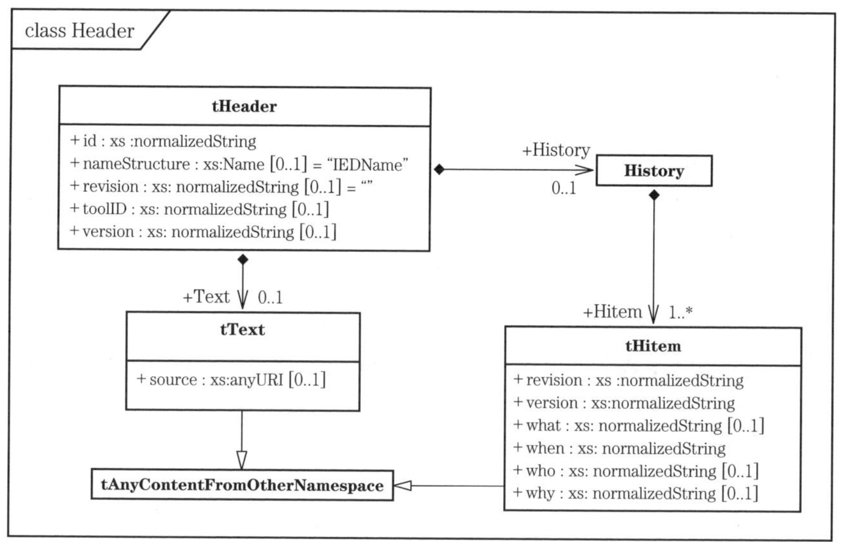

図 4.3 Header 要素のクラス図
（IEC 61850-6 Figure 14 に基づき作成）

表 4.2　Header 要素の属性

属性名称	説明	記述
id	当該 SCL ファイルの識別子（値は，空欄でも可）。	必須
nameStructure	以前の SCL スキーマバージョンとの下位互換のためにのみ提供される属性。 使用する場合，値として IEDName のみ付与可能。	オプション
revision	当該 SCL ファイルのリビジョン。	オプション
toolID	当該 SCL ファイルを生成したツールを識別する識別子。	オプション
version	当該 SCL ファイルのバージョン。	オプション

表 4.3　Header 要素の子要素

要素名称	説明	最小出現数	最大出現数
Text	コメントなど文章を記載するための要素（4.2.1 項）。	0	1
History	改訂履歴に関する情報を記載するための要素(4.2.2 項)。	0	1

4.2.1 Text　要　素

表 4.3 に示すとおり，Header 要素に Text 要素を最大一つ含むことができる。この Text 要素内にテキスト形式で文章を入力することでコメントのように使用することができる。また，テキストを入力する代わりに，source 属性内の URI としてほかのファイルを参照とすることも可能である。

4.2.2 History　要　素

表 4.3 に示すとおり，Header 要素には Histroy 要素を最大一つ含むことができる。History 要素は，改訂履歴などに利用でき，**表 4.4** に示すように，複数の Hitem 要素から構成可能である。この Hitem 要素を用いて，改訂履歴に必要ないくつかの項目を管理することができる。Hitem 要素が有する属性を**表 4.5** に示す。

表 4.4　History 要素の子要素

要素名称	説明	最小出現数	最大出現数
Hitem	改訂履歴に必要な項目を記載するための要素。 目的に合わせて，複数用意することができる。	1	制限なし

表4.5　Hitem 要素の属性

属性名称	説明	記述
version	当該履歴登録のバージョン。	必須
revision	当該履歴登録のリビジョン。	必須
when	バージョン／リビジョンがリリースされた日付。	必須
who	バージョン／リビジョンを作成または適用した人物。	オプション
what	前回の適用からの変更点。	オプション
why	変更理由。	オプション

4.3　Substation 要素

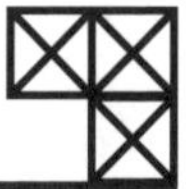

Substation 要素のクラス図を**図 4.4** に示す。Substation 要素には，発電所や変電所などの電圧階級，機器の構成，機器と各装置との接続関係，配置する機

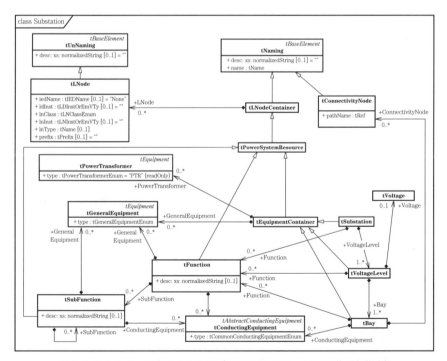

図4.4　Substation 要素のクラス図（IEC 61850-6 Figure 15 に基づき作成）

能や論理ノードなどの情報が記載される。

Substation 要素は，タイプ定義 tSubstation および基本的なタイプ定義 “SCL_BaseType.xsd” により定義する。なお，“SCL_BaseType.xsd” は tSubstation スキーマ定義の記述の中で参照される構造となっている。

Substation 要素が有する属性の定義を**表 4.6** に示すとともに，Subustaion 要素の取りうる子要素を**表 4.7** に示す。表 4.7 に示すとおり，Substation 要素は，少なくとも一つ以上複数の VoltageLevel 要素，複数の Function 要素を有することができる。また，Substation 要素は，tEquipmentContainer，tPowerSystemResource，tLNodeContainer タイプを継承するため，PowerTransformer 要素，General-Equipment 要素，LNode 要素を有することができる。

表 4.6　Substation 要素の属性

属性名称	説明	記述
name	変電所名称。	必須
desc	説明やコメントなど，テキストの入力をするための属性。	オプション

表 4.7　Substation 要素の子要素

要素名称	説明	最小出現数	最大出現数
VoltageLevel	電圧階級に関する情報を記載するための要素（4.3.1 項）。	1	制限なし
Function	関連する機能に関する情報を記載するための要素（4.3.12 項）。	0	制限なし
PowerTransformer	電力用変圧器に関する情報を記載するための要素（4.3.5 項）。	0	制限なし
GeneralEquipment	一般な補器などに関する情報を記載するための要素（4.3.8 項）。	0	制限なし
LNode	付随する IED，論理ノードに関する情報を記載するための要素（4.3.16 項）。	0	制限なし

Substation 要素には，記述するにあたり，以下に示すいくつかの制約がある。

- Substation 要素には，同一名称（name 属性）の子要素が存在してはならない。
- Substation 要素内には，LNode 要素における lnInst 属性，lnClass 属性，

iedName 属性，ldInst 属性，prefex 属性の組合せが同一の LNode 要素が複数存在してはならない。

● SCL ファイルにおいて，変電所名は一意（ユニーク）でなければならない。

4.3.1 VoltageLevel 要素

VoltageLevel 要素は，電圧階級の情報（電圧階級名称，公称周波数，相数）が記載される。また，図 4.4 のとおり，Voltage 要素，Bay 要素，Function 要素，LNode 要素を有することができる。VoltageLevel 要素が有する属性を**表 4.8** に示すとともに，VoltageLevel 要素の取りうる子要素を**表 4.9** に示す。

表 4.8　VoltageLevel 要素の属性

属性名称	説明	記述
name	電圧階級名称。	必須
desc	説明やコメントなどテキストの入力をするための属性。	オプション
nomFreq	公称周波数〔Hz〕。0 Hz の場合，直流システムを表現する。	オプション
numPhases	1 回線あたりの相数。	オプション

表 4.9　VoltageLevel 要素の子要素

要素名称	説明	最小出現数	最大出現数
Voltage	電圧値（単位，乗数）に関する情報を記載するための要素（4.3.2 項）。	0	1
Bay	関連する回線に関する情報を記載するための要素（4.3.3 項）。	1	制限なし
Function	関連する機能に関する情報を記載するための要素（4.3.12 項）。	0	制限なし
LNode	付随する IED，論理ノードに関する情報を記載するための要素（4.3.16 項）。	0	制限なし

VoltageLevel 要素には，記述するにあたり，以下に示す制約がある。

● VoltageLevel 要素には，同一名称（name 属性）の子要素が存在してはならない。

4.3.2 Voltage 要素

Voltage要素は，VoltageLevel（電圧階級）の公称電圧値，表示単位に関する情報が記載される。Voltage要素が有する属性を**表4.10**に示す。

表4.10　Voltage要素の属性

属性名称	説明	記述
desc	説明やコメントなど，テキストの入力をするための属性。	オプション
unit	公称電圧の単位。"V"固定。	オプション
multiplier	単位の乗数。kVを表現したい場合，当該属性値は，"k"となる。	オプション

4.3.3 Bay 要素

Bay要素は，Bay（回線）に関する情報，特に，当該回線に関連する機器（変圧器，遮断器，計器用変成器など），論理ノード，機器接続点の論理表現などの情報が記載される。このBay要素は，単線結線図における機器間の接続関係を定義するために使用されるConnectivityNode要素，遮断器や計器用変成器などの機器を表現するConductingEquipment要素，電力用変圧器を表現するPowerTransformer要素，保護機能など関連する機能を表現するFunction要素，補機を表現するGeneralEquipment要素，論理ノードを表現するLNode要素をそれぞれ有することができる。

Bay要素が有する属性を**表4.11**に示すとともに，Bay要素の取りうる子要素を**表4.12**に示す。

表4.11　Bay要素の属性

属性名称	説明	記述
name	回線名称。	必須
desc	説明やコメントなど，テキストの入力をするための属性。	オプション

Bay要素には，以下に示す制約がある。

- Bay要素内には，同一名称（name属性）の子要素が存在してはならない。

表 4.12 Bay 要素の子要素

要素名称	説明	最小出現数	最大出現数
ConductingEquipment	機器に関する情報を記載するための要素（4.3.4 項）。	1	制限なし
PowerTransformer	電力用変圧器に関する情報を記載するための要素（4.3.5 項）。	0	制限なし
ConnectivityNode	単線結線図における機器接続点に関する情報を記載するための要素。 論理的に接続点を定義する（4.3.9 項）。	0	制限なし
Function	関連する機能に関する情報を記載するための要素（4.3.12 項）。	0	制限なし
GeneralEquipment	機器とは接続されない補機や所内電源回路などに関する情報を記載するための要素（4.3.8 項）。	0	制限なし
LNode	付随する IED，論理ノードに関する情報を記載するための要素（4.3.16 項）。	0	制限なし

4.3.4 ConductingEquipment 要素

ConductingEquipment 要素により，機器を表現する。IEC 61850-6 において，

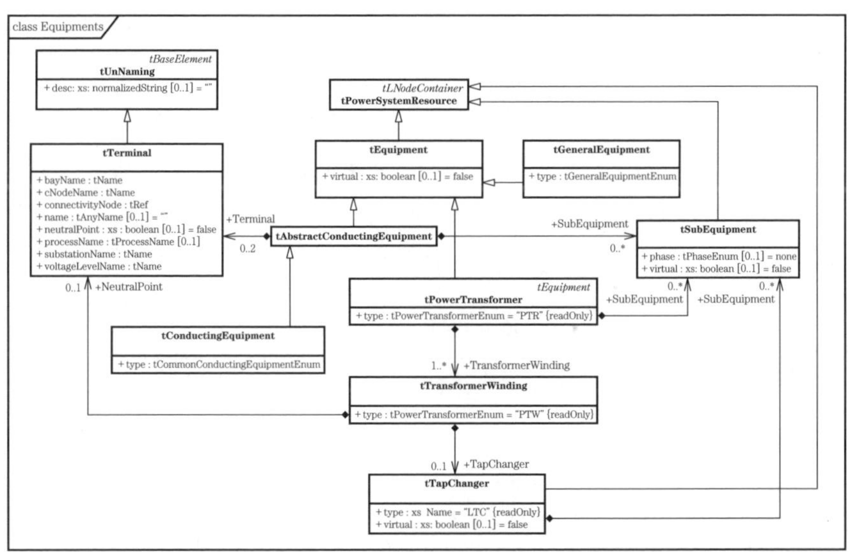

図 4.5 Equipments のクラス図（IEC 61850-6 Figure 16 に基づき作成）

機器は，本項にて説明する ConductingEquipment 要素と次項にて説明する PowerTransformer 要素の二つに分類される。これらの要素は，機器の接続関係（単線結線図における接続関係）を表現するために定義される要素である。ConductingEquipment 要素を含む Equipments のクラス図を**図 4.5**，Equipment functions のクラス図を**図 4.6** に示す。ConductingEquipment 要素は，tPowerSystemResource タイプおよび tEquipment タイプに基づく tAbstractConductingEquipment タイプを継承する。

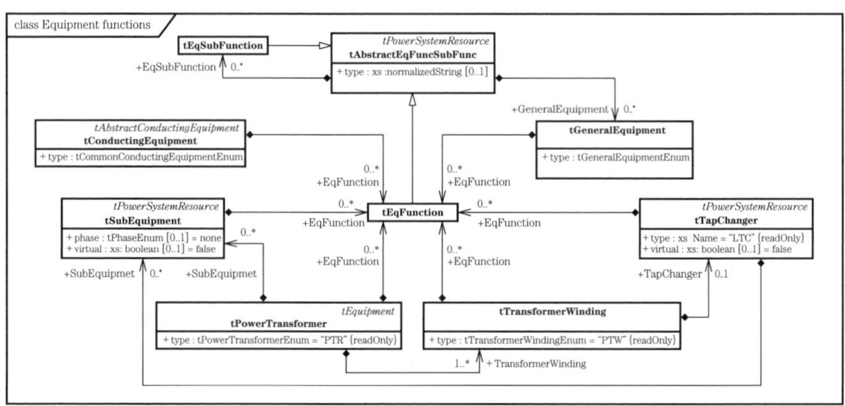

図 4.6　Equipment functions のクラス図
（IEC 61850-6 Figure 16 に基づき作成）

ConductingEquipment 要素が有する属性を**表 4.13** に示す。表 4.13 に示すとおり，当該 type 属性により，機器の種別を区別している。type 属性の値として使用されるコード一覧を**表 4.14** に示す。

表 4.13　ConductingEquipment 要素の属性

属性名称	説明	記述
name	機器名称。	必須
type	機器の種別。種別に対応したコードを入力する。	オプション
desc	説明やコメントなど，テキストの入力をするための属性。	オプション
virtual	仮想的な設備か否かを区別する属性。BOOLEAN 型。 true の場合，現実には存在しないが，演算上など仮想的に存在することを意味する。 デフォルト値は false。	オプション

表 4.14 機器を表現する type コード

type コード	対象機器	Terminal 数（4.3.10 項にて後述）（異なる Connectivity Node との接続数）
CBR	遮断器	2
DIS	断路器，接地開閉器	2
VTR	計器用変圧器	1
CTR	計器用交流器	2
PTW	電力用変圧器巻線	1 or 2
PTR	電力用変圧器	巻線にて明示
LTC	負荷時タップ切替器	巻線の一部
GEN	発電機	1
CAP	電力用コンデンサ	1 or 2
REA	電力用リアクトル	1 or 2
CON	変換器（コンバータ）	1 or 2
MOT	モータ	1
FAN	ファン	1
PMP	ポンプ	1
EFN	消弧リアクトル（ペテルゼンコイル）	1
PSH	電力用シャント	2
BAT	バッテリ	1
BSH	ブッシング	2
CAB	電力用ケーブル	2
GIL	ガス絶縁送電線	2
LIN	架空送電線または送電線の一部；送電線の ConnectivityNode（4.3.9 項にて後述）に接続される送電線。特定の論理ノードや物理的な送電線の特徴を付与するために使用される。GIS 送電線は GIL で代用される。	2
RES	中性点接地抵抗器	2
RRC	調相機（ロータリコンデンサ）	1
SAR	避雷器	1
SCR	整流器	2
SMC	同期機，同期電動機	1
TCF	サイリスタ制御型周波数変換器	2
TCR	サイリスタ制御型無効電力装置	2
IFL	給電元送電線 変電所外にある電力ネットワークの送電線	1
E***	プライベート（拡張）用のコード	*****

また，ConductingEquipment 要素の取りうる子要素を**表 4.15** に示す。図 4.5，表 4.15 に示すとおり，ConductingEquipment 要素は，Terminal 要素，SubEquipment 要素，EqFunction 要素，LNode 要素を有することができる。

表 4.15　ConductingEquipment 要素の子要素

要素名称	説明	最小出現数	最大出現数
Terminal	単線結線図における機器の接続端を表現する情報を記載するための要素（4.3.10 項）。 異なる ConnectivityNode 要素（4.3.9 項）との接続数など情報を有する。	0	2
SubEquipment	当該機器に付随するサブ機器に関する情報を記載するための要素（4.3.11 項）。	0	制限なし
EqFunction	機器に付随する機能に関する情報を記載するための要素（4.3.14 項）。	0	制限なし
LNode	付随する IED，論理ノードに関する情報を記載するための要素（4.3.16 項）。	0	制限なし

4.3.5　PowerTransformer 要素

PowerTransformer 要素により，電力用変圧器を表現する。PowerTransformer 要素は，中性点，二次巻線や三次巻線の表現，および接続先を区別するために，TransformerWinding 要素を子要素として別途定義している。PowerTransformer 要素が有する属性を**表 4.16** に示す。ConductingEquipment 要素と同様に，type 属性を有するが，当該要素においては，“PTR” 固定となる。

表 4.16　PowerTransformer 要素の属性

属性名称	説明	記述
name	電力用変圧器名称。	必須
type	機器の種別。値は，“PTR” 固定。	必須
desc	説明やコメントなど，テキストの入力をするための属性。	オプション
virtual	仮想的な設備か否かを区別する属性。BOOLEAN 型。 true の場合，現実には存在しないが，演算上など仮想的に存在することを意味する。 デフォルト値は false。	オプション

PowerTransformer 要素が取りうる子要素を**表 4.17** に示す。図 4.5，表 4.17 に示すように，PowerTransformer 要素は，TransformerWinding 要素，SubEquipment 要素，EqFunction 要素，LNode 要素を有することができる。

表 4.17　PowerTransformer 要素の子要素

要素名称	説明	最小出現数	最大出現数
TransformerWinding	電力用変圧器の二次巻線および三次巻線を表現し，各巻線の接続端を表現する情報を記載するための要素（4.3.6 項）。	1	制限なし
SubEquipment	当該機器に付随するサブ機器に関する情報を記載するための要素（4.3.11 項）。	0	制限なし
EqFunction	機器に付随する機能に関する情報を記載するための要素（4.3.14 項）。	0	制限なし
LNode	付随する IED，論理ノードに関する情報を記載するための要素（4.3.16 項）。	0	制限なし

4.3.6　TransformerWinding 要素

TransformerWinding 要素は，電力用変圧器の中性点，二次巻線や三次巻線の表現，および接続先を区別するための要素である。また，負荷時タップ切換器の有無などを表現するために，Tapchanger 要素を別途定義している。TransformerWinding 要素が有する属性を**表 4.18** に示す。Conducting-Equipment 要素および PowerTransformer 要素と同様に，type 属性を有するが，当該要素においては，“PTW” 固定となる。

表 4.18　TransformerWinding 要素の属性

属性名称	説明	記述
name	巻線名称。	必須
type	機器の種別。値は，“PTW” 固定。	必須
desc	説明やコメントなど，テキストの入力をするための属性。	オプション
virtual	仮想的な設備か否かを区別する属性。BOOLEAN 型。 true の場合，現実には存在しないが，演算上など仮想的に存在することを意味する。 デフォルト値は false。	オプション

TransformerWinding 要素が取りうる子要素を**表 4.19** に示す。図 4.5，表 4.18 に示すように，TransformerWinding 要素は，Tapchanger 要素，Terminal 要素，NeutralPoint 要素，SubEquipment 要素，EqFunction 要素，LNode 要素を有することができる。

表 4.19　TransformerWinding 要素の子要素

要素名称	説明	最小出現数	最大出現数
Tapchanger	電力用変圧器のタップ切換器を表現する情報を記載するための要素（4.3.7 項）。	0	1
Terminal	単線結線図における機器の接続端を表現する情報を記載するための要素（4.3.10 項）。 異なる ConnectivityNode 要素（4.3.9 項）との接続数などの情報を有する。	0	2
NeutralPoint	単線結線図における電力用変圧器中性点の接続端を表現する情報を記載するための要素。 Terminal 要素とタイプ定義は同義であるが，出現可能数が異なる（4.3.10 項）。	0	1
SubEquipment	当該機器に付随するサブ機器に関する情報を記載するための要素（4.3.11 項）。	0	制限なし
EqFunction	機器に付随する機能に関する情報を記載するための要素（4.3.14 項）。	0	制限なし
LNode	付随する IED，論理ノードに関する情報を記載するための要素（4.3.16 項）。	0	制限なし

4.3.7　Tapchanger 要素

Tapchanger 要素は，電力用変圧器の負荷時タップ切替器を表現する。Tapchanger 要素が有する属性を**表 4.20** に示す。ConductingEquipment 要素，

表 4.20　Tapchanger 要素の属性

属性名称	説明	記述
name	負荷時タップ切替器名称。	必須
type	機器の種別。値は，“LTC” 固定。	必須
desc	説明やコメントなど，テキストの入力をするための属性。	オプション
virtual	仮想的な設備か否かを区別する属性。BOOLEAN 型。 true の場合，現実には存在しないが，演算上など仮想的に存在することを意味する。 デフォルト値は false。	オプション

PowerTransformer 要素，TransformerWinding 要素と同様に，type 属性を有するが，当該要素においては，“LTC” 固定となる。

Tapchanger 要素が取りうる子要素を**表 4.21** に示す。図 4.5，表 4.21 に示すように，Tapchanger 要素は，SubEquipment 要素，EqFunction 要素，LNode 要素を有することができる。

表 4.21 Tapchanger 要素の子要素

要素名称	説明	最小出現数	最大出現数
SubEquipment	当該機器に付随するサブ機器に関する情報を記載するための要素（4.3.11 項）。	0	制限なし
EqFunction	機器に付随する機能に関する情報を記載するための要素（4.3.14 項）。	0	制限なし
LNode	付随する IED，論理ノードに関する情報を記載するための要素（4.3.16 項）。	0	制限なし

4.3.8 GeneralEquipment 要素

GeneralEquipment 要素は，機器とは接続されない補機や所内用電源回路などを表現するための要素である。GeneralEquipment 要素が有する属性を**表 4.22** に示す。表 4.22 に示すとおり，当該 type 属性により，補機の種別を区別している。当該 type 属性の値として使用されるコード一覧を**表 4.23** に示

表 4.22 GeneralEquipment 要素の属性

属性名称	説明	記述
name	補機名称。	必須
type	補機の種別。種別に対応したコードを入力する。	必須
desc	説明やコメントなど，テキストの入力をするための属性。	オプション

表 4.23 補機を表現する type コード

type コード	対象機器
FIL	フィルタ。
VLV	バルブ。
AXN	補助電源回路（所内電源回路など）。
E***	プライベート用のコード。

す。

また，GeneralEquipment 要素が取りうる子要素を**表 4.24** に示す。

表 4.24　GeneralEquipment 要素の子要素

要素名称	説明	最小出現数	最大出現数
LNode	付随する IED，論理ノードに関する情報を記載するための要素（4.3.16 項）。	0	制限なし

4.3.9　ConnectivityNode 要素

ConnectivityNode 要素により，機器の接続点情報を定義する。また，ConnectivityNode 要素は，tLNodeContainer タイプを継承するため，LNode 要素を有することができ，論理ノード情報を記載することもできる。

ConnectivityNode 要素が有する属性を**表 4.25** に示し，取りうる子要素を**表 4.26** に示す。

表 4.25　ConnectivityNode 要素の属性

属性名称	説明	記述
name	ConnectivityNode の名称（接続点の名称）。	必須
pathName	ConnectivityNode のパス名称。 SCL ファイルにおける絶対パス名（参照パス）となる。	必須
desc	説明やコメントなど，テキストの入力をするための属性。	オプション

表 4.26　ConnectivityNode 要素の子要素

要素名称	説明	最小出現数	最大出現数
LNode	付随する IED，論理ノードに関する情報を記載するための要素（4.3.16 項）。	0	制限なし

ConnectivityNode 要素の制約として，pathName 属性がキーとして動作するため，同一名称の pathName 属性を持つ ConnectivityNode 要素が複数存在してはならない（pathName 属性の値の記述方法については，5.3.1 項〔2〕に記載しているため参照のこと）。

4.3.10 Terminal 要素および NeutralPoint 要素

Terminal要素およびNeutralPoint要素は，機器が持つ接続点（ConnectivityNode要素）との接合情報を表現するための要素である。Terminal 要素と NeutralPoint 要素はタイプ定義が同義であるが，NeutralPoint 要素は，電力用変圧器の中性点を表現するため，TransformerWinding 要素の子要素としてのみ出現可能であること，および出現可能数が異なっている。

Terminal 要素または NeutralPoint 要素の connectivityNode 属性にて指定するパス名と，各属性値により，ConnectivityNode 要素とのつながりを表現する。パス名の参照により，XML スキーマレベルでの整合性チェックが可能となる。Terminal 要素および NeutralPoint 要素が有する属性を**表 4.27** に示す。

表 4.27　Terminal 要素および NeutralPoint 要素の属性

属性名称	説明	記述
name	Terminal（および NeutralPoint）の名称。	オプション
desc	説明やコメントなどテキストの入力をするための属性。	オプション
connectivityNode	ConnectivityNode 要素のパス名称を指定する。空欄は不可。空欄とする場合は，Terminal 要素自体を削除しなければならない。	必須
processName	ConnectivityNode 要素を含む Process 名称。	オプション
lineName	ConnectivityNode 要素を含む Line 名称。	オプション
substationName	ConnectivityNode 要素を含む Substation 名称。	オプション
voltageLevelName	ConnectivityNode 要素を含む VoltageLevel 名称。	オプション
bayName	ConnectivityNode 要素を含む Bay 要素の名称。	オプション
cNodeName	Bay 内の ConnectivityNode 名称。	必須

4.3.11 SubEquipment 要素

SubEquipment 要素は，例えば，開閉器の油圧ポンプや三相開閉器の単相表現など，機器の一部を表現する要素である。この SubEquipment 要素により，論理ノードを各相単位に配置可能となる。

SubEquipment 要素が有する属性を**表 4.28** に示し，SubEquipment 要素の取りうる子要素を**表 4.29** に示す。

表 4.28　SubEquipment 要素の属性

属性名称	説明	記述
name	SubEquipment の名称。相に関連する値（名称）を記載。	必須
desc	説明やコメントなど，テキストの入力をするための属性。	オプション
phase	当該 SubEquipment 要素が属する相を指定する。取りうる値は，A，B，C，N，all，none，AB，BC，CA である。	オプション
virtual	仮想的な設備か否かを区別する属性。BOOLEAN 型。	オプション

表 4.29　SubEquipment 要素の子要素

要素名称	説明	最小出現数	最大出現数
LNode	付随する IED，論理ノードに関する情報を記載するための要素（4.3.16 項）。	0	制限なし

4.3.12　Function 要素

Function 要素は，変電所保護監視制御システムにて実現される機能，各機器で実現される機能，変電所間で実現される機能，補機などで実現される機能など，保護監視制御システムに関連するアプリケーションの機能・実現しているアプリケーションの機能に関する情報を記載するための要素である。

Function 要素は，図 4.4 に示すとおり，Substation 要素，VoltageLevel 要素，Bay 要素の子要素となることができる。Function 要素がどの親要素の子要素にあたるかの表現により，当該 Function 要素にて記述する機能の配置関係を表現する。例えば，変電所全体を通じて実現する機能は，Substation 要素の子要素として表現し，電圧階級単位で実現する機能は VoltageLevel 要素の子要素として，Function 要素が記述される。

また，Function 要素は，図 4.4 に示すとおり，tLNodeContainer タイプを継承するため，LNode 要素（4.3.16 項にて後述）を子要素として有することが可能である。そのため，Function 要素内にて，各 IED が持つ論理ノード配置および論理ノード間のつながりを記述することができる。なお，Function 要素の活用方法・SCL の記述方法については，IEC 61850-90-30 のタスクフォースにて検討されており，IEC 61850-6 においては詳細な記述がないのが現状である。また，このFunction要素などを活用したBAPのSCL化がIEC 61850-7-6のタスクフォースにて検討され始めている。

Function要素が有する属性を**表4.30**に示し，Function要素の取りうる子要素を**表4.31**に示す。

表4.30 Function要素の属性

属性名称	説明	記述
name	Function名称。	必須
desc	説明やコメントなど，テキストの入力をするための属性。	オプション
type	将来用。	オプション

表4.31 Function要素の子要素

要素名称	説明	最小出現数	最大出現数
ConductingEquipment	機器に関する情報を記載するための要素（4.3.4項）。	0	制限なし
GeneralEquipment	一般な補器などに関する情報を記載するための要素（4.3.8項）。	0	制限なし
SubFunction	サブ機能に関する情報を記載するための要素（4.3.13項）。	0	制限なし
LNode	付随するIED，論理ノードに関する情報を記載するための要素（4.3.16項）。	0	制限なし

4.3.13 SubFunction要素

SubFunction要素は，機能を構成するサブ機能に関する情報を記載するための要素である。SubFunction要素が有する属性を**表4.32**に示し，SubFunction要素の取りうる子要素を**表4.33**に示す。

表4.32 SubFunction要素の属性

属性名称	説明	記述
name	SubFunction名称。	必須
desc	説明やコメントなど，テキストの入力をするための属性。	オプション
type	将来用。	オプション

表 4.33　SubFunction 要素の子要素

要素名称	説明	最小出現数	最大出現数
ConductingEquipment	機器に関する情報を記載するための要素（4.3.4 項）。	0	制限なし
GeneralEquipment	一般的な補器などに関する情報を記載するための要素（4.3.8 項）。	0	制限なし
SubFunction	サブ機能に関する情報を記載するための要素（4.3.13 項）。	0	制限なし
LNode	付随する IED，論理ノードに関する情報を記載するための要素（4.3.16 項）。	0	制限なし

4.3.14　EqFunction 要素

EqFunction 要素は，機器単位に付随する機能に関する情報を記載するための要素であり，使用方法は，Function 要素と同様である。EqFunction 要素が有する属性を**表 4.34** に示し，EqFunction 要素の取りうる子要素を**表 4.35** に示す。

表 4.34　EqFunction 要素の属性

属性名称	説明	記述
name	EqFunction 名称。	必須
desc	説明やコメントなど，テキストの入力をするための属性。	オプション
type	将来用。	オプション

表 4.35　EqFunction 要素の子要素

要素名称	説明	最小出現数	最大出現数
EqSubFunction	機器のサブ機能に関する情報を記載するための要素（4.3.15 項）。	0	制限なし

4.3.15　EqSubFunction 要素

EqSubFunction 要素は，EqFunction 要素を構成するサブ機能に関する情報を記載するための要素である。EqSubFunction 要素の子要素としても配置可能である。EqSubFunction 要素が有する属性を**表 4.36** に示し，EqSubFunction 要素の取りうる子要素を**表 4.37** に示す。

表 4.36 EqSubFunction 要素の属性

属性名称	説明	記述
name	EqSubFunction 名称。	必須
desc	説明やコメントなど，テキストの入力をするための属性。	オプション
type	将来用。	オプション

表 4.37 EqSubFunction 要素の子要素

要素名称	説明	最小出現数	最大出現数
EqSubFunction	機器のサブ機能に関する情報を記載するための要素（4.3.15 項）。	0	制限なし

4.3.16 LNode 要 素

LNode 要素は，IEC 61850-5，IEC 61850-7 やそのほか発電所などのドメインにて定義される論理ノードとして指定される機能を表現する。各論理ノードは，機能としての意味を有しており，論理ノードを配置することにより，どのような機能が配置されているかを把握することができる。LNode 要素の中には，論理ノードを具備する IED 名称や論理デバイス名称，論理ノード名称などを表現する属性を含めることができる。

SubStation 要素や VoltageLevel 要素，Bay 要素などは，変電所仕様を表現する SSD ファイルの内容に属しており，この SSD ファイル内にも LNode 要素を

表 4.38 LNode 要素の属性

属性名称	説明	記述
desc	説明やコメントなど，テキストの入力をするための属性。	オプション
iedName	論理ノードを具備する IED 名称を表現する。	オプション
ldInst	論理ノードを具備する IED 上の論理デバイスのインスタンスを表現する。	オプション
prefix	論理ノードの接頭辞を表現する。	オプション
lnClass	論理ノードクラスを表現する。	必須
lnInst	論理ノードのインスタンスを表現する。論理ノード LLN0 については，インスタンスを指定できないため，空欄となる。	オプション
lnType	論理ノードのタイプを表現する。論理ノード内の構造（実装するデータオブジェクトなどの構成）をタイプにて表現できる。タイプの内容は，DataTypeTemplates 要素（4.6 節）による。	オプション

含めることができる。また，変電所保護監視制御システムを構成する IED などの保護制御装置の機能や通信に関わる SCD ファイル内にも LNode 要素を含めることができる。LNode 要素は，属性のみを有し，子要素を内包しない。LNode が有する属性を**表 4.38** に示す。

以上が SSD ファイル内に属する（記述する）要素である。使用例については，5 章にて述べる。5 章の例と本章の説明とを相互に参照することで使用方法の理解を深めていただきたい。

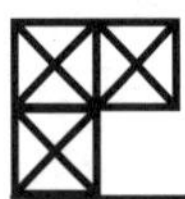

4.4 IED　要　素

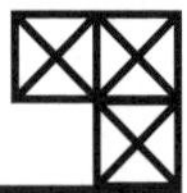

IED 要素では，アクセスポイント，論理デバイス，論理ノードなどのインス

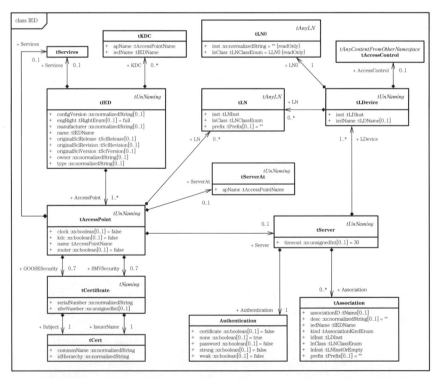

図 4.7　IED 要素のクラス図（class IED）（IEC 61850-6 Figure 19 に基づき作成）

タンス化された情報が記載される。また，その IED が提供可能な通信サービス，インスタンス化された情報に必要なデフォルト値を定義する。IED には，一つの IED 要素を記述しなければならない。規格として，ICD ファイルは，どのプロジェクトにも属さないテンプレートである旨を示すために，IED 名称（IED 要素の name 属性）を “TEMPLATE” と記述する必要がある。IED 要素のクラス図を**図 4.7**，**図 4.8**，**図 4.9** に示す。

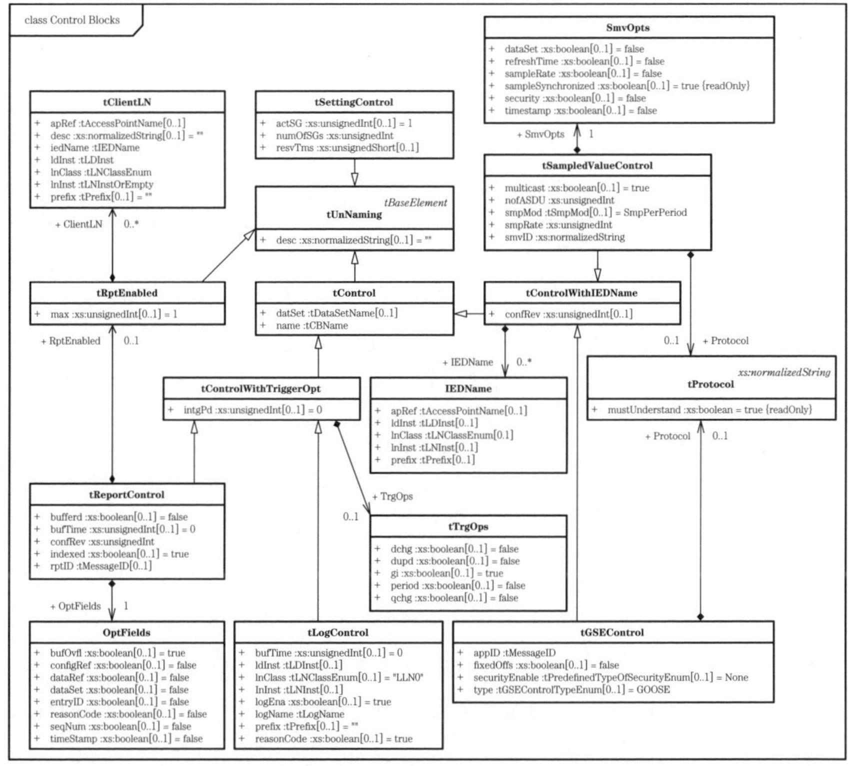

図 4.8 IED 要素のクラス図（class Control Blocks）
（IEC 61850-6 Figure 20 に基づき作成）

IED 要素が有する属性を**表 4.39** に示すとともに，IED 要素の取りうる子要素を**表 4.40** に示す。

IED 要素には，記述するにあたり，以下に示すいくつかの制約がある。

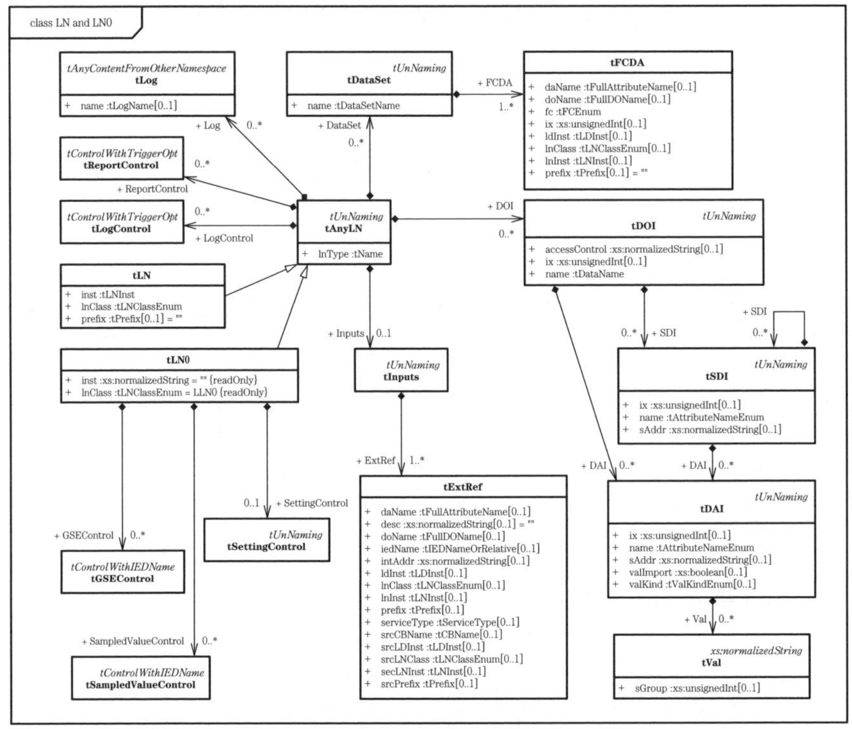

図 4.9　IED 要素のクラス図（class LN and LN0）
（IEC 61850-6 Figure 21 に基づき作成）

- name 属性は，SCL ファイル内でユニークでなければならない。空文字や None は使用できず，英数字とアンダースコアで表現する。
- name 属性の長さは，1 字以上 64 字以下でなければならない。
- ICD ファイルにおける name 属性は，TEMPLATE としなければならない。
- IED 要素内には，同一名称の AccessPoint 要素が存在してはならない。
- IED 要素内には，同一インスタンスの LDevice 要素が存在してはならない。

表 4.39 IED 要素の属性

属性名称	説明	記述
name	IED 名称。当該 IED がテンプレートであること（ICD ファイルであること）を表現する場合，name 属性の値を，“TEMPLATE”とする必要がある。また，この name 属性を空白とすることは禁止されており，SCL ファイルにおいて，TEMPLATE を除き，ユニークな値（名称）とする必要がある。	必須
desc	説明やコメントなど，テキストの入力をするための属性。	オプション
type	メーカ固有の IED 製品のタイプ。	オプション
manufacturer	メーカ名称。	オプション
configVersion	当該 IED 設定の基本構成バージョン。	オプション
originalSclVersion	当該 IED の ICD ファイルの SCL スキーマバージョン。デフォルト値は “2003”	オプション
originalSclRevision	当該 IED の ICD ファイルの SCL スキーマリビジョン。デフォルト値は “A”	オプション
originalSclRelease	当該 IED の ICD ファイルの SCL スキーマリリース番号。デフォルト値は “1”	オプション
engRight	取りうる値：full/dataflow/fix。 SED ファイルとして転送されるエンジニアリング権もしくは現在の SCD ファイルの状態を表現する。 デフォルト値は full。	オプション
owner	当該 IED のオーナープロジェクト。	オプション

表 4.40 IED 要素の子要素

要素名称	説明	最小出現数	最大出現数
Services	IED で利用できるサービス情報を記載するための要素（4.4.1 項）。	0	1
AccessPoint	アクセスポイントに関する情報を記載するための要素（4.4.2 項）。	1	制限なし
KDC	key distribution center の略称。暗号化のための対称鍵を管理する装置のアクセスポイントや計算機名称の情報を記載するための要素。なお，2024 年 11 月時点において，IEC 61850-6 では説明が漏れているため注意（4.4.27 項）。	0	制限なし

4.4.1 Services 要素

Services 要素では，IED で利用できる 61850 通信サービス（IEC 61850-7-2 にて定義）[2)]が記載される。Services 要素の属性を**表 4.41** に示すとともに，Services

表 4.41　Services 要素の属性

属性名称	説明	記述
nameLength	取りうる値：32/64/6［5-9］/［7-9］\d/［1-9］\d\d+ 名称の文字列長を示す。 デフォルト値は“32”。	オプション

要素の取りうる子要素を**表 4.42** に示す。Services 要素に記載のない 61850 通信サービスは，その IED にて利用不可であることを示す。以降，本項では，Services 要素内の子要素についてそれぞれ説明する。

表 4.42　Services 要素の子要素

要素名称	説明	最小出現数	最大出現数
DynAssociation	動的な Association 接続に関する情報を表現する（4.4.1 項〔1〕）。	0	1
SettingGroups	整定値の書換えなどに関する情報を表現する（4.4.1 項〔2〕）。	0	1
GetDirectory	論理デバイス，論理ノードなどサーバ内のデータを取得するサービスに関する情報を表現する（4.4.1 項〔3〕）。	0	1
GetDataObjectDefinition	すべてのデータ属性のリストを取得するサービスに関する情報を表現する（4.4.1 項〔4〕）。	0	1
DataObjectDirectory	論理ノードで定義されたデータを取得するサービスに関する情報を表現する（4.4.1 項〔5〕）。	0	1
GetDataSetValue	データセットのデータを全て取得するサービスに関する情報を表現する（4.4.1 項〔6〕）。	0	1
SetDataSetValue	データセットにデータを書き込むサービスに関する情報を表現する（4.4.1 項〔7〕）。	0	1
DataSetDirectory	データセットの FCD/FCDA を取得するサービスに関する情報を表現する（4.4.1 項〔8〕）。	0	1
ConfDataSet	データセットを編集するサービスに関する情報を表現する（4.4.1 項〔9〕）。	0	1

表4.42 Services要素の子要素（つづき）

要素名称	説明	最小出現数	最大出現数
DynDataSet	データセットを作成・削除するためのサービスに関する情報を表現する（4.4.1項〔10〕）。	0	1
ReadWrite	データの読取り／書込みをするサービスに関する情報を表現する（4.4.1項〔11〕）。	0	1
TimerActivatedControl	タイマ付制御を行うサービスに関する情報を表現する（4.4.1項〔12〕）。	0	1
ConfReportControl	Report制御ブロックを作成するサービスに関する情報を表現する（4.4.1項〔13〕）。	0	1
GetCBValues	制御ブロックの値を取得するサービスに関する情報を表現する（4.4.1項〔14〕）。	0	1
ConfLogControl	Log制御ブロックを作成するサービスに関する情報を表現する（4.4.1項〔15〕）。	0	1
ReportSettings	Report制御ブロックを設定するサービスに関する情報を表現する（4.4.1項〔16〕）。	0	1
LogSettings	Log制御ブロックを設定するサービスに関する情報を表現する（4.4.1項〔17〕）。	0	1
GSESettings	GSE制御ブロックを設定するサービスに関する情報を表現する（4.4.1項〔18〕）。	0	1
SMVSettings	SMV制御ブロックを設定するサービスに関する情報を表現する（4.4.1項〔19〕）。	0	1
GSEDir	GSEサービスに関する情報を表現する。（4.4.1項〔20〕）。	0	1
GOOSE	IEDがGOOSEサービス送信端（Publisher）になれることを表現する（4.4.1項〔21〕）。	0	1
GSSE	IEDがGSSEサービス送信端または受信端（Subscriber）になれることを表す（4.4.1項〔22〕）。	0	1
SMVsc	IEDがSVサービス送信端になれることを表現する（4.4.1項〔23〕）。	0	1
FileHandling	ファイル操作サービスに関する情報を表現する（4.4.1項〔24〕）。	0	1
ConfLNs	IED内の論理ノード設定変更が可能かを表現する（4.4.1項〔25〕）。	0	1
ClientServices	IEDがClientとして動作する場合の情報（機能有無，設定）を表現する（4.4.1項〔26〕）。	0	1

表4.42　Services 要素の子要素（つづき）

要素名称	説明	最小出現数	最大出現数
ConfLdName	IED は Server として，論理デバイスの設定可否を表現する（4.4.1 項〔27〕）。	0	1
SupSubscription	GOOSE または SV 受信端として通信の監視機能に関する情報を表現する（〔28〕）。	0	1
ConfSigRef	論理ノードに参照先を入力する機能に関する情報を表現する（4.4.1 項〔29〕）。	0	1
ValueHandling	システムコンフィグレータにおける valKind の変更可否に関する情報を表現する（〔30〕）。	0	1
RedProt	通信の冗長性の種類に関する情報を表現する（4.4.1 項〔31〕）。	0	1
TimeSyncProt	IED／アクセスポイントがサポートする時刻同期プロトコルに関する情報を表現する（4.4.1 項〔32〕）。	0	1
CommProt	追加プロトコルの指定に関する情報を表現する（4.4.1 項〔33〕）。	0	1
McSecurity	GOOSE や SampledValue に関するセキュリティ情報を表現する（4.4.1 項〔34〕）。	0	1

〔1〕 DynAssociation 要素

DynAssociation 要素は，動的な Association 接続の同時接続数を表現する。DynAssociation 要素の属性を**表 4.43** に示す。

表 4.43　DynAssociation 要素の属性

属性名称	説明	記述
max	動的な Association 接続の同時接続数。	オプション

〔2〕 SettingGroups 要素

SettingGroups 要素は，**SGCB**（setting group control block）に関するサービス機能の有無を表現する。SGCB が有効であれば，選択した設定グループ（設定値／整定値）の有効／無効をオンラインで実施する SelectActiveSG サービスも有効となる。なお，**表 4.44** に示す SettingGroups 要素内の子要素の情報により，そのほかの Setting Groups に関するサービスの機能の有無を表現する。また，SGEdit 要素および ConfSG 要素は，ともに**表 4.45** に示す属

表 4.44 SettingGroups 要素の子要素

要素名称	説明	最小出現数	最大出現数
SGEdit	オンラインによる設定値／整定値の編集機能（SelectEditSG，ConfirmEditSGValues，SetSG-Values サービスの機能実装有無）を表現する要素。	0	1
ConfSG	設定可能な設定値／整定値の設定グループの構築可能数を表現する要素。 当該要素に記載される数値以上の設定グループを構築することはできない。	0	1

表 4.45 SGEdit 要素および ConfSG 要素の属性

属性名称	説明	記述
resvTms	取りうる値：true/false SGEdit 要素における resvTms が true の場合，SGCB がオンライン上で可視であることを表現する。 ConfSG 要素における resvTms が true の場合，IED ツールにて設定された値（設定値／整定値）を変更可能であることを意味する。 両者ともに，デフォルト値は false。	オプション

性を有することが可能である。

〔3〕 GetDirectory 要素

Server 内の情報（論理デバイスや論理ノード，データなど）を読み込むためのサービスを表現する。この要素が示すのは，IEC 61850-7-2 の GetServer-Directory サービス，GetLogicalDeviceDirectory サービス，GetLogicalNode-Directory サービスも含む。なお，当該要素は，属性を有さない。

〔4〕 GetDataObjectDefinition 要素

Client よりアクセス可能，かつ要求される論理ノードのすべてのデータ属性定義のリストを取得するためのサービスを表現する。IEC 61850-7-2 における GetDataDifinition サービスを参照願いたい。なお，当該要素は属性を有さない。

〔5〕 DataObjectDirectory 要素

論理ノード内で定義されるデータを取得するためのサービスを表現する IEC 61850-7-2 の GetDataDirectory サービスを参照願いたい。なお，当該要素は属性を有さない。

〔6〕 **GetDataSetValue 要素**

DataSet を構成する項目のすべてを対象として，データの値を取得するためのサービスを表現する。IEC 61850-7-2 の GetDataSetValues サービスを参照願いたい。なお，当該要素は属性を有さない。

〔7〕 **SetDataSetValue 要素**

DataSet を構成する項目のすべてを対象として，データの値を書き換えるためのサービスを表現する。IEC 61850-7-2 の SetDataSetValues サービスを参照願いたい。なお，当該要素は属性を有さない。

〔8〕 **DataSetDirectory 要素**

DataSet を構成する項目を取得するためのサービスを表現する。IEC 61850-7-2 の GetDataSetDirectory サービスを参照願いたい。なお，当該要素は属性を有さない。

〔9〕 **ConfDataSet 要素**

DataSet の構成に関する情報を表現する。ConfDataSet 要素の属性を**表 4.46** に示す。

表 4.46　ConfDataSet 要素の属性

属性名称	説明	記述
max	構築可能な DataSet の最大数を表現する。	オプション
maxAttributes	一つの DataSet 内において，動的に構築可能な FCDA 要素の最大数を表現する。	オプション
modify	取りうる値：true/false true の場合，ICD ファイルなどにて，構築された DataSet を修正可能であることを意味する。	オプション

〔10〕 **DynDataSet 要素**

DataSet を動的に作成／削除するためのサービスを表現する。IEC 61850-7-2 の CreateDataSet サービス，DeleteDataSet サービスを参照願いたい。DynData-Set 要素の属性を**表 4.47** に示す。

表 4.47 DynDataSet 要素の属性

属性名称	説明	記述
max	動的に構築可能な DataSet の最大数を表現する。	オプション
maxAttributes	一つの DataSet 内において，動的に構築可能な FCDA 要素の最大数を表現する。	オプション

〔11〕 ReadWrite 要素

IEC 61850-7-2 の GetData サービス，SetData サービス，Operate サービスなどの基本的なデータの読書き機能を表現する。当該要素は属性を有さない。

〔12〕 TimerActivatedControl 要素

この要素は，TimerActivatedControl サービスを実装していることを表現する。当該要素は属性を有さない。

〔13〕 ConfReportControl 要素

この要素の属性値により **RCB**（report control block）の構築能力に関する設定を行う。ReportSettings 要素（本項〔16〕にて後述）の属性値が「Fix」でなければ，Client により RCB の追加・削除が可能であり，それは，max 属性値の示す個数まで可能である。ConfReportControl 要素の属性を**表 4.48** に示す。

表 4.48 ConfReportControl 要素の属性

属性名称	説明	記述
max	インスタンス化可能な RCB の最大数を表現する。すでに設定された RCB インスタンスが最大数と同じである場合，それ以上のインスタンスは作成できない。	オプション
bufMode	取りうる値：unbuffered/buffered/both。 RCB として構築可能なバッファモードを表現する。 デフォルト値は both。	オプション
bufConf	取りうる値：true/false。 true の場合，バッファモードの切替が可能であることを意味する。	オプション
maxBuf	インスタンス化可能な BRCB の最大数を表現する。この属性値が空白の場合，max 属性の値と同等となる。maxBuf 属性を使用する場合，max 属性の値より小さい値である必要がある。	オプション

〔14〕 GetCBValues 要素

各種 Control Block の値の読取りを表現する。当該要素は，属性を有さない。

〔15〕 ConfLogControl 要素

この要素の属性値により **LCB**（log control block）の構築能力に関する設定を行う。LogSettings 要素（本項〔17〕にて後述）の属性値が「Fix」でなければ，Client により LCB の追加・削除が，max 属性値の示す個数まで可能である。ConfLogControl 要素の属性を**表 4.49** に示す。

表 4.49　ConfLogControl 要素の属性

属性名称	説明	記述
max	インスタンス化可能な LCB の最大数を表現する。	オプション

〔16〕 ReportSettings 要素

IEC 61850-7-2 における SetURCBValues や SetBRCBValues などのサービスによりオンラインおよびエンジニアリングによる設定時に変更可能な RCB の属性を表現する。ReportSettings 要素の属性を**表 4.50** に示す。

表 4.50　ReportSettings 要素の属性

属性名称	説明	記述
cbName	取りうる値：Fix/Conf。 当該 RCB 名称が固定か，設定可能か，動的に変更（Client から変更）可能かを表現する。 デフォルト値は Fix。	オプション
datSet	取りうる値：Fix/Conf/Dyn。 データセットリファレンスが固定か，設定可能か，動的に変更（Client から変更）可能かを表現する。 Fix の場合，datSet の値，その構造が固定（Fix）であることを意味する。 デフォルト値は Fix。	オプション
rptID	取りうる値：Fix/Conf/Dyn。 Report の ID が固定か，設定可能か，動的に変更（Client から変更）可能かを表現する。	オプション
optFields	取りうる値：Fix/Conf/Dyn。 optFields が固定か，設定可能か，動的に変更（Client から変更）可能かを表現する。	オプション

表 4.50 ReportSettings 要素の属性（つづき）

属性名称	説明	記述
bufTime	取りうる値：Fix/Conf/Dyn。 bufTime が固定か，設定可能か，動的に変更（Client から変更）可能かを表現する。	オプション
trgOps	取りうる値：Fix/Conf/Dyn trgOps が固定か，設定か，動的に変更（Client から変更）可能かを表現する。	オプション
intgPd	取りうる値：Fix/Conf/Dyn。 intgPd が固定か，設定可能か，動的に変更（Client から変更）可能かを表現する。	オプション
resvTms	取りうる値：true/false。 true の場合，resvTms 属性がすべての BRCB にて存在することを意味する。この場合，ある BRCB インスタンスが，ある Client に分配（専従）されていることを意味する。また，ある Client に専従する場合，RCB の ResvTms 値に "-1" が入り，それ以外は "0" となる。	オプション
owner	取りうる値：true/false。 当該 RCB が owner 属性を有することを表現する。 デフォルト値は false。	オプション

〔17〕 LogSettings 要素

IEC 61850-7-2 における SetLCBValues サービスによりオンラインおよびエンジニアリングによる設定時に変更可能な LCB の属性を表現する。LogSettings 要素の属性を**表 4.51** に示す。

表 4.51 LogSettings 要素の属性

属性名称	説明	記述
cbName	取りうる値：Fix/Conf。 当該 LCB 名称が固定か，設定可能か，動的に変更（Client から変更）可能かを表現する。 デフォルト値は Fix。	オプション
datSet	取りうる値：Fix/Conf/Dyn。 データセットリファレンスが固定か，設定可能か，動的に変更（Client から変更）可能かを表現する。 Fix の場合，datSet の値，その構造が固定であることを意味する。 デフォルト値は Fix。	オプション
logEna	取りうる値：Fix/Conf/Dyn。 logEna が固定か，設定可能か，動的に変更（Client から変更）可能かを表現する。	オプション

表4.51　LogSettings 要素の属性（つづき）

属性名称	説明	記述
trgOps	取りうる値：Fix/Conf/Dyn trgOps が固定か，設定可能か，動的に変更（Client から変更）可能かを表現する。	オプション
intgPd	取りうる値：Fix/Conf/Dyn。 intgPd が固定か，設定可能か，動的に変更（Client から変更）可能かを表現する。	オプション

〔18〕 GSESettings 要素

IEC 61850-7-2 における SetGoCBValues サービスによりオンラインおよびエンジニアリングによる設定時に変更可能な GoCB の属性を表現する。GSESettings 要素の属性を**表 4.52**，子要素を**表 4.53** に示す。

表 4.52　GSESettings 要素の属性

属性名称	説明	記述
cbName	取りうる値：Fix/Conf。 当該 GoCB 名称が固定か，設定可能か，動的に変更（Client から変更）可能かを表現する。 デフォルト値は Fix。	オプション
datSet	取りうる値：Fix/Conf/Dyn。 データセットリファレンスが固定か，設定可能か，動的に変更（Client から変更）可能かを表現する。 Fix の場合，datSet の値，その構造が固定であることを意味する。 デフォルト値は Fix。	オプション
appID	取りうる値：Fix/Conf/Dyn。 appID が固定か，設定可能か，動的に変更（Client から変更）可能かを表現する。	オプション
dataLabel	取りうる値：Fix/Conf/Dyn（GSSE control block のみ適用）。 dataLabel が固定か，設定可能か，動的に変更（Client から変更）可能かを表現する。	オプション
kdaParticipant	取りうる値：true/false。 true の場合，Server のアクセスポイントが，IEC 62351 における GOOSE の KDA（key delivery assurance）をサポートしていることを意味し，Server の McSecurity 要素も適用される。	オプション

表 4.53 GSESettings 要素の子要素

要素名称	説明	最小出現数	最大出現数
McSecurity	GOOSE や SV に関するセキュリティ情報を表現する（4.4.1 項〔34〕）。	0	1

〔19〕 **SMVSettings 要素**

IEC 61850-7-2 における SetMSVCBValues サービスまたは SetUSVCBValues サービスおよびエンジニアリングによる設定時に変更可能な（M/U）SVCB の属性を表現する。SMVSettings 要素の属性を**表 4.54** に示す。

表 4.54 SMVSettings 要素の属性

属性名称	説明	記述
cbName	取りうる値：Fix/Conf。 当該（M/U）SVCB 名称が固定か，設定可能か，動的に変更（Client から変更）可能かを表現する。 デフォルト値は Fix。	オプション
datSet	取りうる値：Fix/Conf/Dyn。 データセットリファレンスが固定か，設定可能か，動的に変更（Client から変更）可能かを表現する。 Fix の場合，datSet の値，その構造が固定であることを意味する。 デフォルト値は Fix。	オプション
svID	取りうる値：Fix/Conf/Dyn。 svID が固定か，設定可能か，動的に変更（Client から変更）可能かを表現する。	オプション
optFields	取りうる値：Fix/Conf/Dyn。 optFields が固定か，設定可能か，動的に変更（Client から変更）可能かを表現する。	オプション
smpRate	取りうる値：Fix/Conf/Dyn。 smpRate が固定か，設定可能か，動的に変更（Client から変更）可能かを表現する。	オプション
samplePerSec	各 SMV のセキュリティオプションが有効であることを表現する。 kdaParticipant が true である場合，少なくとも McSecurity 要素の属性の一つは，true である必要がある。	オプション
synchrSrcId	取りうる値：true/false。 IEC 61850-9-3 にて定義されるグランドマスタクロックに従うか否かを表現する。	オプション
nofASDU	取りうる値：Fix/Conf。 nofASDU（SV メッセージ内の ASDU 数）が固定か，設定かを表現する。	オプション

表4.54　SMVSettings 要素の属性（つづき）

属性名称	説明	記述
pdcTimeStamp	取りうる値：true/false。 メッセージ内に PDC タイムスタンプを含めるか否かを表現する。	オプション
kdaParticipant	取りうる値：true/false。 true の場合，Server のアクセスポイントが，IEC 62351 における SV の KDA をサポートしていることを意味し，Server の McSecurity 要素も適用される。	オプション

SMVSettings 要素は子要素を有することができる。SMVSettings 要素の子要素を**表 4.55** に示す。

表 4.55　SMVSettings 要素の子要素

要素名称	説明	最小出現数	最大出現数
SmpRate	実装されているサンプルレート/period の定義を表現する。 整数型のデータ入力。	0	制限なし
SamplesPerSec	実装されているサンプルレート/second の定義を表現する。 整数型のデータ入力。	0	制限なし
SecPerSamples	実装されているサンプルレート/sample 間の秒数の定義を表現する。 整数型のデータ入力。	0	制限なし
McSecurity	GOOSE や SV に関するセキュリティ情報を表現する（4.4.1 項〔34〕）。	0	1

〔20〕 GSEDir 要素

IEC 61850-7-2 における GSE directory サービスを表現する。当該要素は属性を有さない。

〔21〕 GOOSE 要素

IEC 61850-7-2 における GOOSE 送信端になりうることを表現する。この要素の属性値により **GoCB**（GOOSE control block）の構築能力に関する設定を行う。GSESettings 要素（本項〔18〕にて前述）の属性値が「Fix」でなければ，クライアントにより GoCB の追加・削除が可能であり，それは，max 属性値の示す個数まで可能である。GOOSE 要素の属性を**表 4.56** に示す。

表 4.56　GOOSE 要素の属性

属性名称	説明	記述
max	送信端として構築可能な GoCB の最大数を表現する。Max 属性の値が 0 である場合，GOOSE 送信をサポートしていないことを意味する。	オプション
fixedOffs	取りうる値：true/false。 SCSM で用いられるものであり，データを固定長にする（fixedOff="true"）か，ASN.1 に従った可変長にする（fixedOff="false"）かを指定する。 デフォルト値は false。	オプション
goose	取りうる値：true/false。 true の場合，通常の GOOSE をサポートしていることを意味する。	オプション
rGOOSE	取りうる値：true/false。 true の場合，routable-GOOSE（OSI3 層（ネットワーク層））の GOOSE をサポートしていることを意味する。	オプション

〔22〕 **GSSE 要素**

IEC 61850-7-2 における GSSE 送信端または受信端になりうることを表現する。GSSE は Ed.2 以降，不使用とされている。GSSE 要素の属性を**表 4.57** に示す。

表 4.57　GSSE 要素の属性

属性名称	説明	記述
max	構築可能な GSSE Control Block の最大数を表現する。Max 属性の値が 0 である場合，GSSE クライアントであることを意味する。	オプション

〔23〕 **SMVsc 要素**

IEC 61850-7-2 における SV メッセージの送信端になりうることを表現する。この要素の属性値により **MSVCB**（multicast SV control block），**USVCB**（unicast SV control block）の構築能力に関する設定を行う。SMVSettings 要素（本項〔19〕にて前述）の属性値が「Fix」でなければ，Client により SVCB の追加・削除が可能であり，それは，max 属性値の示す個数まで可能である。SMVsc 要素の属性を**表 4.58** に示す。

表 4.58　SMVsc 要素の属性

属性名称	説明	記述
max	送信端として構築可能な（M/U）SVCB の最大数を表現する。Max 属性の値が 0 である場合，SV 送信をサポートしていないことを意味する。	オプション
delivery	取りうる値：multicast/unicast/both。 SV のタイプを表現する。 当該属性の値が both でなく，かつ deliveryConf の値が false である場合，タイプ変更不可。 デフォルト値は multicast。	オプション
deliveryConf	取りうる値：true/false。 true の場合，multicast/unicast による SVCB を構築可能であることを意味する。	オプション
sv	取りうる値：true/false。 true の場合，通常の SV をサポートしていることを意味する。	オプション
rSV	取りうる値：true/false。 true の場合，routable-SV（OSI3 層（ネットワーク層））の SV をサポートしていることを意味する。	オプション

〔24〕 FileHandling 要素

ファイル操作に関するサービスを表現する。「Get…」サービスに加えて，追加でサポートされるサービスは，PICS（protocol implementation conformance statement）にて定義される。PICS とは，通信サービスに関して，IEC 61850 の認証を取得した各メーカ IED の実装仕様について記載したデータシートである。詳細は，IEC 61850-7-2 を参照願いたい。

FileHandling 要素の属性を**表 4.59** に示す。次の属性が，ファイル操作にて使用するプロトコルを表現する。FileHandling 要素を使用する場合，次の

表 4.59　FileHandling 要素の属性

属性名称	説明	記述
mms	MMS に基づくファイル操作。 デフォルト値は true。	オプション
ftp	FTP に基づくファイル操作。 デフォルト値は false。	オプション
ftps	FTP（SSL 使用）に基づくファイル操作。※現在 SSL ではなく TLS を使用 デフォルト値は false。	オプション

属性のうちどれか一つは true である必要がある。

〔25〕 ConfLNs 要素

ICD ファイルに記載されている論理ノードが編集可能かどうかを表現する。ConfLNs 要素の属性を**表 4.60** に示す。

表 4.60 ConfLNs 要素の属性

属性名称	説明	記述
fixPrefix	取りうる値：true/false。 false の場合，prefix が設定・変更可能。 デフォルト値は false。	オプション
fixlnInst	取りうる値：true/false。 false の場合，論理ノードのインスタンス番号を変更可能。 デフォルト値は false。	オプション

〔26〕 ClientServices 要素

この要素は，当該 IED およびアクセスポイントが Client もしくは Subscriber として利用できる一般的なサービスおよびそれらの設定（実装最大数などの制約）を属性として表現する。当該要素を記述しない場合は，Client もしくは Subscriber としてのサービスが実装されていないことを示し，デフォルト値は，記述なしである。ClientServices 要素の属性を**表 4.61** に示す。

表 4.61 ClientServices 要素の属性

属性名称	説明	記述
goose	取りうる値：true/false。 true の場合，当該 IED が GOOSE 受信をサポートしていることを表現する。	オプション
gsse	取りうる値：true/false。 true の場合，当該 IED が GSSE 受信をサポートしていることを表現する。	オプション
sv	取りうる値：true/false。 true の場合，当該 IED が SV 受信をサポートしていることを表現する。	オプション
unbufReport	取りうる値：true/false。 true の場合，当該 IED が Unbuffered Report をサポートしていることを表現する。	オプション

表 4.61　ClientServices 要素の属性（つづき）

属性名称	説明	記述
bufReport	取りうる値：true/false。 true の場合，当該 IED が Buffered Report をサポートしていることを表現する。	オプション
readLog	取りうる値：true/false。 true の場合，当該 IED が Log をサポートしていることを表現する。	オプション
supportsLdName	取りうる値：true/false。 true の場合，当該 IED が Server が持つ LD 名設定を理解していることを表現する。	オプション
maxAttributes	当該 IED が Client としてサポートしているデータセットのエントリ項目の最大数（受信可能な総数）を表現する。	オプション
maxReport	当該 IED が受信可能な RCB の最大数を表現する。	オプション
maxGOOSE	当該 IED が受信可能な GOOSE メッセージの最大数を表現する。	オプション
maxSMV	当該 IED が受信可能な SV メッセージの最大数を表現する。	オプション
rGOOSE	取りうる値：true/false。 true の場合，当該 IED が OSI 第 3 層（ネットワークレベル層）の GOOSE 受信をサポートしていることを表現する。	オプション
rSV	取りうる値：true/false。 true の場合，当該 IED が OSI 第 3 層（ネットワークレベル層）の SV 受信をサポートしていることを表現する。	オプション
noIctBinding	取りうる値：true/false。 true の場合，ICT が入力信号を内部アドレスへ任意にひもづけできないことを表現する。上記の代わりに，入力信号用にサポートされる内部アドレス（固定）を含むテンプレートが提供される。	オプション
TimeSyncProt	取りうる値：true/false。 true の場合，当該 IED が特定の時刻同期プロトコルをサポートしていることを表現する。詳細は，4.4.1 項〔32〕による。	オプション
McSecurity	取りうる値：true/false。 true の場合，当該 IED がマルチキャスト通信に対するセキュリティ機能をサポートしていることを表現する。詳細は，4.4.1 項〔34〕による。	オプション

〔27〕 ConfLdName 要素

この要素が ICD ファイルもしくは SCD ファイル上に表現されている場合，その IED は論理デバイス名称を Server（LDevice 要素，ldName 属性）として定義可能であることを意味する。

〔28〕 SupSubscription 要素

この要素は，GOOSE や SV の受信に関する監視機能の実装有無を表現する。SupSubscription 要素の属性を**表 4.62** に示す。

表 4.62 SupSubscription 要素の属性

属性名称	説明	記述
maxGo	GOOSE 受信監視用論理ノード（LGOS）のインスタンス可能な最大数。	オプション
maxSv	SV 受信監視用論理ノード（LSVS）のインスタンス可能な最大数。	オプション

〔29〕 ConfSigRef 要素

この要素は，IED が input リファレンスを論理ノード内に含めることができる能力を表現する。ConfSigRef 要素の属性を**表 4.63** に示す。この要素が存在しないからといって，input リファレンスのインスタンスが作れないというものではなく，SCL に input リファレンスのインスタンスを記載してあれば，それらは ConfSigRef がなくても，そのまま有効になる。

表 4.63 ConfSigRef 要素の属性

属性名称	説明	記述
max	CDC“ORG” を持つ，データオブジェクト InRef および BlkRef などの input リファレンスのインスタンス化可能の最大数を表現する。	オプション

〔30〕 ValueHandling 要素

この要素は，SCT が valKind の修正可否を表現する。ValueHandling 要素の属性を**表 4.64** に示す。

表 4.64 ValueHandling 要素の属性

属性名称	説明	記述
setToRO	取りうる値：true/false。 true の場合，fc＝CF，DC，SP のための valKind＝Set を RO へ変更可能であることを表現する。 デフォルト値は false。	オプション

〔31〕 **RedProt 要素**

この要素は，IED がサポートしている通信冗長性の方式を表現する。RedProt 要素の属性を**表 4.65** に示す。

表 4.65 RedProt 要素の属性

属性名称	説明	記述
hsr	取りうる値：true/false。 true の場合，当該 IED が HSR（high-available seemless redundancy）をサポートしていることを表現する。 デフォルト値は false。	オプション
prp	取りうる値：true/false。 true の場合，当該 IED が PRP（parallel redundancy protocol）をサポートしていることを表現する。 デフォルト値は false。	オプション
rstp	取りうる値：true/false。 true の場合，当該 IED が RSTP（rapid spanning tree protocol）をサポートしていることを表現する。 デフォルト値は false。	オプション

〔32〕 **TimeSyncProt 要素**

この要素は，ClientServices 要素の子要素として記述され，その属性の示す値によりサポートしている時刻同期プロトコルを宣言する。TimeSyncProt 要素の属性を**表 4.66** に示す。時刻同期をサポートする場合，表 4.66 に示すうちの少なくとも一つの属性を true とする必要がある。

表 4.66 TimeSyncPort 要素の属性

属性名称	説明	記述
sntp	取りうる値：true/false。 true の場合，SNTP プロトコルをサポート。 デフォルト値は true。	オプション
C37_238	取りうる値：true/false。 true の場合，C37.238 で定義される。 IEEE 1588 をサポート。 デフォルト値は false。	オプション

表4.66 TimeSyncPort要素の属性（つづき）

属性名称	説明	記述
iec61850_9_3	取りうる値：true/false。 true の場合，IEC 61850-9-3 で定義される。 IEEE 1588 をサポート。 デフォルト値は false。	オプション
other	取りうる値：true/false。 true の場合，その他をサポート（PPS など）。 デフォルト値は false。	オプション

〔33〕 CommProt 要素

IED がサポートしている追加の通信プロトコル（ネットワーク層）を表現する。IPv6 をサポートする場合に使用する。CommProt 要素の属性を**表 4.67** に示す。

表 4.67 CommProt 要素の属性

属性名称	説明	記述
ipv6	取りうる値：true/false。 true の場合，ipv6 をサポートしている。false の場合は ipv4。	オプション

〔34〕 McSecurity 要素

この要素は，Server と接続されるアクセスポイントにおいて，マルチキャストメッセージに対するセキュリティ対策がサポートされていることを示す。McSecurity 要素の属性を**表 4.68** に示す。

表 4.68 McSecurity 要素の属性

属性名称	説明	記述
signature	取りうる値：true/false。 true の場合，シグネチャ演算によるセキュリティ機能をサポートしていることを表現する。 デフォルト値は false。	オプション
encryption	取りうる値：true/false。 true の場合，暗号化によるセキュリティ機能をサポートしていることを表現する。 デフォルト値は false。	オプション

4.4.2 AccessPoint 要素

AccessPoint 要素はアクセスポイントの情報を記載する要素である。Services 要素，Server 要素，ServerAt 要素，LN 要素を有することができる。AccessPoint 要素が有する属性を**表 4.69** に示すとともに，AccessPoint 要素の取りうる子要素を**表 4.70** に示す。

表 4.69　AccessPoint 要素の属性

属性名称	説明	記述
name	IED 内のアクセスポイント名称。システム内で唯一となるリファレンス（名称）とする必要がある。	必須
desc	説明やコメントなど，テキストの入力をするための属性。	オプション
router	true の場合，IED はルータ機能を持つ。 デフォルト値は false。	オプション
clock	true の場合，IED はマスタークロックとなる。 デフォルト値は false。	オプション

表 4.70　AccessPoint 要素の子要素

要素名称	説明	最小出現数	最大出現数
Server	サーバ情報を記載するための要素（4.4.3 項）。 一つの AccessPoint 要素内には，Server 要素／ServerAt 要素／LN 要素のいずれかを記述することが可能。混在はできない。なお，記述可能数は Server 要素，ServerAt 要素は一つ，LN 要素は複数。	0	1
ServerAt	アクセスポイントの参照先情報を記載するための要素（4.4.26 項）。 一つの AccessPoint 要素内には，Server 要素／ServerAt 要素／LN 要素のいずれかを記述することが可能。混在はできない。なお，記述可能数は Server 要素および ServerAt 要素は一つ，LN 要素は複数。	0	1
LN	論理ノードに関する情報を記載するための要素（4.4.23 項）。 一つの AccessPoint 要素内には，Server 要素／ServerAt 要素／LN 要素のいずれかを記述することが可能。混在はできない。なお，記述可能数は Server 要素，ServerAt 要素は一つ，LN 要素は複数。	0	制限なし

表4.70 AccessPoint要素の子要素（つづき）

要素名称	説明	最小出現数	最大出現数
Services	LEDで利用できるサービス情報を記載するための要素（4.4.1項）。 アクセスポイント単位でServices要素を記述することも可能。	0	1
GOOSESecurity	GOOSE伝送に使用される証明書の情報を表現する要素（4.4.32項）。 この証明書の詳細は，IEC 62351-6に記載されるため参照願う。 Authentication要素（4.4.28項）のcertificate属性がtrueの場合に使用可能。	0	7
SMVSecurity	SV伝送に使用される証明書の情報を表現する要素（4.4.33項）。 この証明書の詳細は，IEC 62351-6に記載されるため参照願う。 Authentication要素（4.4.28項）のcertificate属性がtrueの場合に使用可能。	0	7

4.4.3 Server 要 素

Server要素は，サーバ情報を記載するための要素である。Authentication要素，LDevice要素，Association要素を有することができる。Server要素が有する属性を**表4.71**に示すとともに，Server要素の取りうる子要素を**表4.72**に示す。

表4.71 Server要素の属性

属性名称	説明	記述
timeout	タイムアウトまでの秒数。開始されたトランザクション（整定値の変更操作など）がこの秒数以内に完了しない場合，キャンセルまたはリセットがなされる。	オプション
desc	説明やコメントなど，テキストの入力をするための属性。	オプション

表4.72 Server要素の子要素

要素名称	説明	最小出現数	最大出現数
Authentication	当該アクセスポイントにおける認証に関する要素（4.4.28項）。	1	1

表4.72　Server要素の子要素（つづき）

要素名称	説明	最小出現数	最大出現数
LDevice	論理デバイスに関する情報を記載するための要素（4.4.4 項）。	1	制限なし
Association	開局に関する情報を記載するための要素(4.4.25 項)。	0	制限なし

4.4.4 LDevice 要素

LDevice 要素は，アクセスポイントを経由して到達可能な IED の論理デバイスを定義する。LN0 要素，LN 要素，AccessControl 要素を有することができる。LDevice 要素が有する属性を**表 4.73** に示すとともに，LDevice 要素の取りうる子要素を**表 4.74** に示す。

表 4.73　LDevice 要素の属性

属性名称	説明	記述
inst	論理デバイスの識別。空文字列は不可。	必須
desc	説明やコメントなど，テキストの入力をするための属性。	オプション
ldName	論理デバイス名称。デフォルト値は IED 名称に上記 inst 値を結合したもの。	オプション

表 4.74　LDevice 要素の子要素

要素名称	説明	最小出現数	最大出現数
LN0	論理デバイスの共通情報を記載する論理ノード LLN0 に関する情報を記載するための要素（4.4.5 項）。	1	1
LN	論理ノードに関する情報を記載するための要素（4.4.23 項）。	0	制限なし
AccessControl	アクセス制御に関する情報を記載するための要素（4.4.24 項）。	0	1

LDevice 要素には，記述するにあたり，以下に示すいくつかの制約がある。

- inst 属性は，IED 内で一意でなければならない。
- ldName 属性は，各 SCL ファイル内で一意でなければならない。
- ldName 属性は，各 SubNetwork 内で一意でなければならない。

- inst 属性の長さは，1 文字以上でなければならない。
- ldName 属性の長さは，64 文字以内でなければならない。また，英数字とアンダースコアのみ使用可能である。

4.4.5 LN0 要 素

LN0 要素は，論理デバイスの共通情報を記載する論理ノード（LLN0）の情報を記載する要素である。GSEControl 要素，SampledValueControl 要素を有することができる。また，基本形である AnyLN 要素より，ReportControl 要素，DOI 要素，Inputs 要素，DataSet 要素を継承している。LN0 要素が有する属性を**表 4.75** に示すとともに，LN0 要素の取りうる子要素を**表 4.76** に示す。

表 4.75 LN0 要素の属性

属性名称	説明	記述
desc	説明やコメントなど，テキストの入力をするための属性。	オプション
lnType	論理ノードの型（4.6 節で後述の DataTypeTemplates 要素に関連）。	必須
lnClass	論理ノードクラス。LLN0 固定。	必須
inst	論理ノードのインスタンス番号。 LLN0 の場合，inst 属性の値は “”（記述なし）とする。	必須
prefix	論理ノードの接頭辞。	オプション

表 4.76 LN0 要素の子要素

要素名称	説明	最小出現数	最大出現数
GSEControl	GoCB の情報を記載するための要素（4.4.6 項）。	0	制限なし
SampledValueControl	（M/U）SVCB の情報を記載するための要素（4.4.9 項）。	0	制限なし
SettingControl	SGCB の情報を記載するための要素（4.4.29 項）。	0	1
ReportControl	RCB の情報を記載するための要素（4.4.11 項）。	0	制限なし
LogControl	LCB の情報を記載するための要素（4.4.30 項）。	0	制限なし
Log	Log として記録する対象の情報を記載するための要素（4.4.31 項）。	0	制限なし

表4.76　LN0 要素の子要素（つづき）

要素名称	説明	最小出現数	最大出現数
DOI	データオブジェクトに関する情報を記載するための要素（4.4.15 項）。	0	制限なし
Inputs	他の IED からの入力信号に関する情報を記載するための要素（4.4.19 項）。	0	1
DataSet	データセットに関する情報を記載するための要素（4.4.21 項）。	0	制限なし

LN0 要素には，記述するにあたり，以下に示す制約がある。

- lnClass 属性は，LLN0 であり，インスタンス番号は不要である。

4.4.6　GSEControl 要素

GSEControl 要素は，GoCB の情報を記載する要素である。GSEControl 要素は，論理ノード LLN0（LN0 要素）内にのみ配置が可能である。GSEControl 要素が有する属性を**表 4.77** に示すとともに，GSEControl 要素の取りうる子要素を**表 4.78** に示す。

表 4.77　GSEControl 要素の属性

属性名称	説明	記述
name	GoCB 名称。	必須
desc	説明やコメントなど，テキストの入力をするための属性。	オプション
datSet	GoCB が送信するデータセット。	オプション
confRev	設定改訂番号。	オプション (type が GOOSE の場合は必須)
type	取りうる値：GOOSE/GSSE。 GSEControl において送信するメッセージのタイプ。 GSSE とすることも可能であるが実質不使用であるため，非推奨（下位互換のために存在)。 デフォルト値は GOOSE。	オプション
appID	当該 GOOSE メッセージにひもづくアプリケーションの識別子。システム内でユニークである必要がある。	必須

表 4.77 GSEControl 要素の属性（つづき）

属性名称	説明	記述
fixedOffs	取りうる値：true/false。 SCSM で用いられるものであり，データを固定長にする（fixedOff="true"）か，ASN.1 に従った可変長にする（fixedOff="false"）かを指定する。 デフォルト値は false。	オプション
securityEnable	取りうる値：None/Signature/SignatureAndEncryption セキュリティオプションの設定。制御ブロック単位で設定が可能。 McSecurity，要素が存在する場合に設定可能。 デフォルト値は None。	オプション

表 4.78 GSEControl 要素の子要素

要素名称	説明	最小出現数	最大出現数
IEDName	GSE データの宛先情報を記載するための要素（4.4.7 項）。	0	制限なし
Protocol	IED 間およびツールに対して，認識しておくべき通信プロトコルに関する情報を記載する要素（4.4.8 項）。	0	1

GSEControl 要素には，記述するにあたり，以下に示す制約がある。

- name 属性は，LLN0 内（すなわち，論理デバイス内）でユニークでなければならない。
- datSet 属性の参照先データセットは LLN0 に存在しなければならない。
- confRev 属性は，タイプが GOOSE の場合は必須である。
- 一つの SCD ファイル内のアプリケーション単位で，appID は一意でなければならない。
- 新しく作成された GoCB のみ，confRev 値を 0 とすることができる。
- GSSE 型は使用しない（GSSE は下位互換のために用意されており，通常はデフォルト値の GOOSE を推奨する）。

4.4.7 IEDName 要素

IEDName 要素は，GSE データの宛先情報を記載する要素である。属性のみを有し，子要素を内包しない。IEDName 要素が有する属性を**表 4.79** に示す。

表 4.79　IEDName 要素の属性

属性名称	説明	記述
apRef	送信先 IED のアクセスポイント。	オプション
ldInst	送信先論理デバイス。	オプション
prefix	送信先論理ノードの接頭辞。	オプション
lnClass	送信先論理ノードクラス。	オプション
lnInst	送信先論理ノードのインスタンス番号。	オプション

4.4.8 Protocol 要素

Protocol 要素は IED 相互および ICT などのツールにおいて，認識しておくべき通信プロトコルを記載する要素である。（例えば，rGOOSE や rSV が利用可能であるなど）Protocol 要素は，属性のみを有し，子要素を内包しない。Protocol 要素が有する属性を**表 4.80** に示す。

表 4.80　Protocol 要素の属性

属性名称	説明	記述
mustUnderstand	取りうる値：true/false。 ICT または IED 相互において，認識しておくべき通信プロトコルであることを示すための属性。 デフォルト値は false。	必須

4.4.9 SampledValueControl 要素

SampledValueControl 要素は，論理ノード LLN0 において使用可能であり，(M/U) SVCB 制御ブロックの情報を記載する要素である。SampledValueControl 要素が有する属性を**表 4.81** に示すとともに，SampledValueControl 要素の取りうる子要素を**表 4.82** に示す。

表 4.81 SampledValueControl 要素の属性

属性名称	説明	記述
name	(M/U) SVCB 名称。	必須
desc	説明やコメントなど，テキストの入力をするための属性。	オプション
datSet	参照先データセット。	オプション
confRev	設定改訂番号。	オプション
smvID	(M/U) SVCB の識別子。マルチキャストの場合：IEC 61850-7-2 にて定義される。MsvID を使用。 ユニキャストの場合：IEC 61850-7-2 にて定義される。UsvID を使用。	必須
multicast	取りうる値：true/false。 false の場合，ユニキャスト SMV サービスを表す。 デフォルト値は true。	オプション
smpRate	サンプリングレート。SmpMod が定義されていない場合 SmpPerPeriod となる。	必須
nofASDU	ASDU (application service data unit) の数。	必須
smpMod	取りうる値：SmpPerPeriod/SmpPerSec/SecPerSample サンプリング方法を示す。 デフォルト値は SmpPerPeriod。	オプション
securityEnable	取りうる値：None/Signature/SignatureAndEncryption セキュリティオプションの設定。Control Block 単位で設定が可能。 McSecurity 要素が存在する場合に設定可能。 デフォルト値は None。	オプション

表 4.82 SampledValueControl 要素の子要素

要素名称	説明	最小出現数	最大出現数
SmvOpts	SV メッセージに含ませる補足情報を記載するための要素 (4.4.10 項)。	1	1
IEDName	SV データの宛先情報を記載するための要素 (4.4.7 項)。	0	制限なし
Protocol	IED 間およびツールに対して，認識しておくべき通信プロトコルに関する情報を記載する要素(4.4.8 項)。	0	1

4.4.10 SmvOpts 要素

SmvOpts 要素は，SMV メッセージに含せる補足情報を記載する要素である。この要素の属性値はデフォルトが false であるが true とした場合，サンプリング値とともに当該情報が付加される。属性のみを有し，子要素を内包しない。SmvOpts要素が有する属性を**表4.83**に示す。

表4.83　SmvOpts要素の属性

属性名称	説明	記述
refreshTime	取りうる値：true/false。 trueの場合，リフレッシュ時間を付加する。デフォルト値はfalse。 このオプションの意味はIEC 61850-7-2を参照願う。	オプション
sampleSynchronized	取りうる値：true/false。 trueの場合，サンプリングが同期していることを表現する。true固定。後位互換性のための属性であり，Ed 2.1以降不使用。	オプション
sampleRate	取りうる値：true/false。 trueの場合，サンプリングレートを付加する。 このオプションの意味はIEC 61850-7-2を参照のこと。 デフォルト値はfalse。	オプション
dataSet	取りうる値：true/false。 trueの場合，参照先データセット名称を付加する。 デフォルト値はfalse。	オプション
security	セキュリティ。詳細はIEC 61850-9-2を参照のこと。 デフォルト値はfalse。	オプション
timestamp	取りうる値：true/false。 trueの場合，SVが生成された時刻を付加する。 デフォルト値はfalse。	オプション
synchSourceId	取りうる値：true/false。 trueの場合，IEC 61850-9-3に基づき，SVメッセージ内に時刻同期のマスタクロックの識別子を付加する。 デフォルト値はfalse。	オプション

4.4.11 ReportControl要素

ReportControl要素は，RCBの情報を表現し，TrgOps要素，OptFields要素，RptEnabled要素を有することができる。ReportControl要素が有する属性を，**表4.84**に示すとともに，ReportControl要素の取りうる子要素を**表4.85**に示す。

表 4.84 ReportControl 要素の属性

属性名称	説明	記述
name	RCB 名称。	必須
desc	説明やコメントなど，テキストの入力をするための属性。	オプション
datSet	参照先データセット。	オプション
intgPd	送信周期〔ms〕。	オプション
rptID	RCB の識別子。使用しない場合，空白とすることが可能である。この場合，IED 名称からなるリファレンス名称を自動で付与される。	オプション
confRev	設定改訂番号。	必須
buffered	取りうる値：true/false。 レポートがバッファされるかを表す。true の場合，当該 RCB は，BRCB であることを示す。 デフォルト値は false。	オプション
bufTime	バッファ時間。 デフォルト値は 0。	オプション
indexed	取りうる値：true/false。 true の場合，RCB のインスタンス番号が 01～99 の番号で構築される。 デフォルト値は true。	オプション

表 4.85 ReportControl 要素の子要素

要素名称	説明	最小出現数	最大出現数
TrgOps	レポート送信のトリガとなる条件を記載するための要素（4.4.12 項）。	0	1
OptFields	レポート内に含ませる補足情報を記載するための要素（4.4.13 項）。	1	1
RptEnabled	RCB インスタンスの生成最大数に関する情報を記載するための要素である（4.4.14 項）。	0	1

4.4.12 TrgOps 要 素

TrgOps 要素は，レポート送信のトリガとなる条件を記載する要素である。属性のみを有し，子要素を内包しない。TrgOps 要素が有する属性を**表 4.86** に示す。この要素の属性値は，gi 属性を除きデフォルトが false である。true とした場合，true であるトリガ条件が使用されることを表す。

表 4.86　TrgOps 要素の属性

属性名称	説明	記述
dchg	取りうる値：true/false。 true の場合，データセットにエントリしているデータの変化がトリガ条件。 デフォルト値は false。	オプション
qchg	取りうる値：true/false。 true の場合，データセットにエントリしているデータ品質の変化がトリガ条件。 デフォルト値は false。	オプション
dupd	取りうる値：true/false。 true の場合，データセットにエントリしているデータ更新がトリガ条件。 デフォルト値は false。	オプション
period	取りうる値：true/false。 true の場合，データセットにエントリしている全データを IntgPd で指定された時間間隔〔ms〕で周期的に送信。 デフォルト値は false。	オプション
gi	取りうる値：true/false。 true の場合，クライアントからの要求を起因とした，データセットにエントリしている全データの送信。 デフォルト値は true。	オプション

4.4.13 OptFields 要素

OptFields 要素は，レポート内に含ませる補足情報を記載する要素である。属性のみを有し，子要素を内包しない。OptFields 要素が有する属性を**表 4.87** に示す。各属性の値が true である場合，レポートに情報が含まれることを表す。

表 4.87　OptFields 要素の属性

属性名称	説明	記述
seqNum	取りうる値：true/false。 true の場合，当該レポートのシーケンス番号を付加する。 デフォルト値は false。	オプション
timeStamp	取りうる値：true/false。 true の場合，当該レポートが生成された時刻を付加する。 デフォルト値は false。	オプション

表4.87 OptFields要素の属性（つづき）

属性名称	説明	記述
dataSet	取りうる値：true/false。 true の場合，当該レポートの参照先データセット名称を付加する。 デフォルト値は false。	オプション
reasonCode	取りうる値：true/false。 true の場合，当該レポート送信の起因となった情報を付加する。 デフォルト値は false。	オプション
dataRef	取りうる値：true/false。 true の場合，当該レポート内のデータ名称を付加する。 デフォルト値は false。	オプション
entryID	取りうる値：true/false。 true の場合，当該レポートのエントリ ID を付加する。 デフォルト値は false。	オプション
configRef	取りうる値：true/false。 true の場合，当該レポートの設定リビジョン番号を付加する。 デフォルト値は false。	オプション
bufOvfl	取りうる値：true/false。 true の場合，当該レポートのバッファがオーバーフローしている状態であることを付加する。 デフォルト値は true。	オプション
Segmentation	取りうる値：true/false。 true の場合，当該レポートが複数に分割されて送信されていることを付加する。 デフォルト値は false。	オプション

4.4.14 RptEnabled 要素

RptEnabled 要素は，その RCB において，生成可能なインスタンス最大数を表現する要素である。RptEnabled 要素が有する属性を**表 4.88** に示す。また，RptEnabled 要素は，ClientLN 要素を子要素として有することができる。

表 4.88 RptEnabled 要素の属性

属性名称	説明	記述
desc	説明やコメントなど，テキストの入力をするための属性。	オプション
max	RCB において生成可能なインスタンスの最大数。	オプション

表 4.89　RptEnabled 要素の子要素

要素名称	説明	最小出現数	最大出現数
ClientLN	インスタンス化した RCB に専従する Client を指定するための要素。	0	制限なし

RptEnabled 要素の子要素を**表 4.89** に示す。

ここで，RptEnabled 要素の max 属性および ClientLN 要素の使用方法について説明する。例えば，「Repo」という名称の RCB において，RptEnabled 要素の max 属性の値を “2” とした場合，“Repo01”，“Repo02” の二つのインスタンスが生成される（同一の RCB 設定の Report を二つ送信することが可能）。これらの Repo01 と Repo02 をそれぞれ Client-A と Client-B に割り当てたい場合，RptEnabled 要素内に ClientLN 要素を 2 行記述し，1 行目の ClientLN 要素に Client-A を，2 行目の ClientLN 要素に Client-B を記述することで，Repo01 は Client-A，Repo02 は Client-B へ割当てが完了する。

ClientLN 要素で Client を割り当てると，割り当てられた RCB インスタンス以外のアクセスを制限することが可能となる。詳細を IEC 61850-7-2，使用方法を 5 章にて紹介しているため参照されたい。

4.4.15 DOI 要素

DOI 要素は，データオブジェクトに関する情報を記載する要素であり，SDI 要素または DAI 要素で記述される。DOI 要素が有する属性を**表 4.90** に示すとともに，DOI 要素の取りうる子要素を**表 4.91** に示す。

表 4.90　DOI 要素の属性

属性名称	説明	記述
desc	説明やコメントなど，テキストの入力をするための属性。	オプション
name	データオブジェクト名称。DataTypeTemplates 要素内の LNodeType 要素にて定義される名称と同一。	必須
ix	データオブジェクトが配列型である場合のインデックス。DOI 要素が配列型でない場合は使用しない。	オプション
accessControl	データへのアクセル制御の定義。取りうる値は，IEC 61850-8-1，および 8-2（SCSM）を参照。	オプション

表 4.91 DOI 要素の子要素

要素名称	説明	最小出現数	最大出現数
SDI	構造体を有するデータ属性（データ属性内にデータ属性があるなどの構造体を持つもの）に関する情報を記載するための要素（4.4.16 項）。 一つの DOI 要素の中に，SDI 要素もしくは DAI 要素のどちらかが内包される。	0	制限なし
DAI	データ属性に関する情報を記載するための要素（4.4.17 項）。 一つの DOI 要素の中に，SDI 要素もしくは DAI 要素のどちらかが内包される。	0	制限なし

4.4.16 SDI 要 素

SDI 要素は，構造体を有するデータ属性（データ属性の中にデータ属性が存在するなどの構造であるもの）に関する情報を記載する要素であり，SDI 要素，DAI 要素を有することができる。SDI 要素が有する属性を**表 4.92** に示すとともに，SDI 要素の取りうる子要素を**表 4.93** に示す。

表 4.92 SDI 要素の属性

属性名称	説明	記述
desc	説明やコメントなど，テキストの入力をするための属性。	オプション
name	構造体を有するデータ属性名称。	必須
ix	配列型である場合のインデックス。	オプション
sAddr	構造全体のショートアドレス。	オプション

表 4.93 SDI 要素の子要素

要素名称	説明	最小出現数	最大出現数
SDI	構造体を有するデータ属性（データ属性内にデータ属性があるなどの構造体を持つもの）に関する情報を記載するための要素（4.4.16 項）。 一つの DOI 要素の中に，SDI 要素もしくは DAI 要素のどちらかが内包される。	0	制限なし
DAI	データ属性に関する情報を記載するための要素（4.4.17 項）。 一つの DOI 要素の中に，SDI 要素もしくは DAI 要素のどちらかが内包される。	0	制限なし

SDI 要素の一例としては，論理ノード MMXU のデータオブジェクト A や PhV などが挙げられる。

4.4.17 DAI 要素

DAI 要素は，データ属性に関する情報を記載するための要素であり，Val 要素を有することができる。DAI 要素が有する属性を**表 4.94** に示すとともに，DAI 要素の取りうる子要素を**表 4.95** に示す。

表 4.94 DAI 要素の属性

属性名称	説明	記述
desc	説明やコメントなど，テキストの入力をするための属性。	オプション
name	データ属性名称。	必須
sAddr	データ属性のショートアドレス。	オプション
valKind	値の意味。	オプション
ix	配列型の場合のインデックス。	オプション
valImport	true の場合，ICT が値のインポートを可能とする。valKind＝RO または，valKind＝Conf であっても，別のツールによって変更された値のインポートをサポートする。 デフォルト値は，DataTypeTemplates 要素内で定義される。	オプション

表 4.95 DAI 要素の子要素

要素名称	説明	最小出現数	最大出現数
Val	データ属性の値を記載するための要素（4.4.18 項）。	0	制限なし

4.4.18 Val 要素

Val 要素は，データ属性の値を示している。Val 要素に使用するデータ型を**表 4.96** に示す。

表 4.96 Val 要素のデータ型

IEC 61850-7-x 基本型	XML スキーマ データ型	数値表現
INT8, INT16, INT24, INT32, INT64, INT8U, INT16U, INT32U	integer	整数。
FLOAT32, FLOAT64	double	浮動小数点数（+999.999 99 または +9.999 999e+999）。
BOOLEAN	boolean	false, true または 0, 1。
ENUMERATED	normalizedString	EnumType で定義された文字列。
OCTET STRING	base64Binary	RFC 2045 の 6.8 項[3)]による。
VISIBLE STRING	normalizedString	8 ビット文字列。
UNICODE STRING	normalizedString	文字列。
ObjectReference	normalizedString	IEC 61850 オブジェクトの参照先。
Timestamp（UTC time）	dateTime	タイムゾーンを含まないコード。
Currency	normalizedString	ISO 4217：3 文字通貨コードに従うコード。

4.4.19 Inputs 要 素

Inputs 要素は，ほかの IED からの入力信号に関する情報を記載するための要素であり，ExtRef 要素を有することができる。Inputs 要素の ExtRef 要素により，GOOSE メッセージなどから受信したデータを内部アドレスへのマッピング情報として記述ができる。論理ノード間でやりとりする情報を記載することで論理ノード間にて実現されるアプリケーションを表現するために Inputs 要素が用いられる。Inputs 要素は属性を持たない。Inputs 要素の取りうる子要素を**表 4.97** に示す。

表 4.97 Inputs 要素の子要素

要素名称	説明	最小出現数	最大出現数
ExtRef	ほかの IED からの入力信号に関する情報を記載するための要素（4.4.20 項）。	1	制限なし

4.4.20　ExtRef　要　素

ExtRef 要素は属性のみを有し，子要素を内包しない。ExtRef 要素が有する属性を**表 4.98** に示す。ExtRef 要素内の記述は，データオブジェクトレベルもしくはデータ属性レベルで記載することが可能である。

表 4.98　ExtRef 要素の属性

属性名称	説明	記述
iedName	IED 名称。	オプション
ldInst	論理デバイスのインスタンス名称。	オプション
prefix	論理ノードの接頭辞。	オプション
lnClass	論理ノードクラス。	オプション
lnInst	論理ノードインスタンスの ID。	オプション
doName	データオブジェクト名称。	オプション
daName	データ属性名称。	オプション
intAddr	内部アドレス。	オプション
desc	説明やコメントなど，テキストの入力をするための属性。	オプション
serviceType	使用するサービスを表す。	オプション
srcLDInst	論理デバイスインスタンス。	オプション
srcPrefix	論理ノードインスタンスの接頭辞。	オプション
srcLNClass	論理ノードクラス。	オプション
srcLNInst	論理ノードのインスタンス番号。	オプション
srcCBName	Control block 名称。	オプション
pDO	データオブジェクト。	オプション
pLN	論理ノードクラス。	オプション
pDA	データ属性。	オプション
pServT	サービスタイプ。	オプション

4.4.21　DataSet　要　素

DataSet 要素は，GOOSE や Report に使用する DataSet に関する情報を記載するための要素であり，FCDA 要素を有することができる。DataSet 要素が有する属性を**表 4.99** に示すとともに，DataSet 要素の取りうる子要素を**表 4.100** に示す。

表 4.99 DataSet 要素の属性

属性名称	説明	記述
name	データセット名称。	必須
desc	説明やコメントなど，テキストの入力をするための属性。	オプション

表 4.100 DataSet 要素の子要素

要素名称	説明	最小出現数	最大出現数
FCDA	機能制約データまたは，機能制約データ属性の情報を記載するための要素（4.4.22 項）。	1	制限なし

4.4.22 FCDA 要 素

FCDA 要素は，機能制約（データ種別）データまたは，機能制約データ属性を表す要素である。FCDA 要素については，IEC 61850-7-2 にて定義されているため，詳細は参照願いたい。FCDA 要素は属性のみを有し，子要素を内包しない。FCDA 要素が有する属性を**表 4.101** に示す。

表 4.101 FCDA 要素の属性

属性名称	説明	記述
ldInst	当該データオブジェクトが配置される論理デバイス名称。	オプション
prefix	接頭辞。デフォルトは空文字列。	オプション
lnClass	論理ノードクラス。	オプション
lnInst	論理ノードのインスタンス番号。LLN0 は指定しない。	オプション
doName	データオブジェクト名称。SDI 要素のような構造体を持つ場合は，“.”にて構造を示す。	オプション
daName	データ属性名称。SDI 要素のような構造体を持つ場合は，“.”にて構造を示す（例：PhV.phsA）。	オプション
fc	機能制約。	必須
ix	インデックス。	オプション

4.4.23 LN 要 素

LN 要素は，論理ノードに関する情報を記載するための要素である。 基本形である AnyLN 要素より，ReportControl 要素，DOI 要素，Inputs 要素，DataSet

要素を継承している。LN 要素が有する属性の定義を**表 4.102** に示すとともに，LN 要素の取りうる子要素を**表 4.103** に示す。

表 4.102　LN 要素の属性

属性名称	説明	記述
desc	説明やコメントなど，テキストの入力をするための属性。	オプション
lnType	論理ノードの型。	必須
lnClass	論理ノードクラス。	必須
inst	論理ノードのインスタンス番号。	必須
prefix	論理ノードの接頭辞。	オプション

表 4.103　LN 要素の子要素

要素名称	説明	最小出現数	最大出現数
ReportControl	RCB の情報を記載するための要素（4.4.11 項）。	0	制限なし
DOI	データオブジェクトに関する情報を記載するための要素（4.4.15 項）。	0	制限なし
Inputs	他の IED からの入力信号に関する情報を記載するための要素（4.4.19 項）。	0	1
DataSet	データセットに関する情報を記載するための要素（4.4.21 項）。	0	制限なし

4.4.24　AccessControl 要素

AccessControl 要素は，アクセス制御の定義を記載する要素である。AccessControl 要素は属性および，子要素を内包しない。

4.4.25　Association 要素

Association 要素は，Client－Server 間の通信接続を実施するための情報を記載するための要素である。属性のみを有し，子要素を内包しない。Association 要素が有する属性を**表 4.104** に示す。

associationID が空白の場合，未定義であることを意味する。トップダウンエンジニアリングにより，SCL ファイルにて記述する場合，Client と Server が正しく接続するために，事前に associationID を設定する必要がある。

表 4.104 Association 要素の属性

属性名称	説明	記述
kind	アソシエーションの種類。	必須
associationID	アソシエーションの識別。	オプション
iedName	IED 名称。	必須
ldInst	論理デバイスの参照先。	必須
lnClass	論理ノードクラス。	必須
prefix	論理ノードの接頭辞。	オプション
lnInst	インスタンス番号。	必須

4.4.26 ServerAt 要素

ServerAt 要素はアクセスポイントの参照先情報を記載するための要素である。属性のみを有し，子要素を内包しない。ServerAt 要素が有する属性の定義を**表 4.105** に示す。あるアクセスポイントの Server 要素として記述した内容と同一の Server を別のアクセスポイントにも適用したい場合に使用する要素である。

表 4.105 ServerAt 要素の属性

属性名称	説明	記述
apName	アクセスポイント名称。	必須

4.4.27 KDC 要 素

KDC 要素は，主要な Key Distribution Center（KDC のアクセスポイント，Client として動作する IED の情報）を表現するための要素であり，IEC 61850-90-5 にて定義され，IEC 61850-6 に導入された要素である。詳細は IEC 61850-90-5 を参照願いたい。KDC 要素は属性のみを有し，子要素を内包しない。KDC 要素が有する属性を**表 4.106** に示す。

表 4.106　KDC 要素の属性

属性名称	説明	記述
apName	アクセスポイント名称。	必須
iedName	IED 名称。	必須

4.4.28 Authentication 要素

Authentication 要素は，記述が必須の要素である。Client－Server 間で認証機能を実装する場合，その機能の特徴を記述する。当該機能を実装しない場合のデフォルト値は，“none=true” である。Authentication 要素が有する属性を**表 4.107** に示す。

表 4.107　Authentication 要素の属性

属性名称	説明	記述
none	認証機能を実装しない場合 true。 デフォルト値は true。	オプション
password	認証機能としてパスワードを使用する場合 true。 利用方法の定義は SCSM にて定義される。 デフォルト値は false。	オプション
weak	独自の認証方法を使用する場合 true。 利用方法の定義は SCSM にて定義される。 デフォルト値は false。	オプション
strong	独自の認証方法を使用する場合 true。 利用方法の定義は SCSM にて定義される。 デフォルト値は false。	オプション
certificate	認証機能として認証設定（証明書など）を使用する場合 true。 利用方法の定義は SCSM にて定義される。 当該属性が true の場合，GOOSESecurity（4.4.32 項），SMVSecurity（4.4.33 項）を利用可能。 デフォルト値は false。	オプション

4.4.29 SettingControl 要素

SettingControl 要素は，**SGCB**（setting group control block）の情報を表現する。当該要素は，LN0 要素ごとに一つの SGCB を記述可能である。SettingControl 要素が有する属性を**表 4.108** に示す。

表 4.108 SettingControl 要素の属性

属性名称	説明	記述
desc	説明やコメントなど，テキストの入力をするための属性。	オプション
numOfSGs	利用可能な設定グループ数を表現する。1 以上でなければならない。	オプション
actSG	設定を読み込んだ時点で，有効な設定グループの数。 デフォルト値は 1。	オプション
resvTms	編集のために選択している SGCB の選択許容時間を示す。この時間を過ぎた場合，編集が自動的に終了する。この機能がサポートされない場合，記述なしとなる。	オプション

4.4.30 LogControl 要素

LogControl 要素は，**LCB**（log control block）の情報を表現する。tControlWithTriggerOpt を継承するため，ReportControl 要素と同様に TrgOps 要素を有することができる。TrgOpt 要素については，4.4.12 項を参照願いたい。LogControl 要素が有する属性を**表 4.109** に示す。

LogControl 要素には，記述するにあたり，以下に示す制約がある。

表 4.109 LogControl 要素の属性

属性名称	説明	記述
name	LCB 名称。	必須
desc	説明やコメントなどテキスト入力するための属性。	オプション
datSet	Log として残す参照先データセット。	オプション
intgPd	スキャン周期〔ms〕。	オプション
ldInst	論理デバイスの参照先。	オプション
prefix	論理ノードの接頭辞。	オプション
lnClass	論理ノードクラス。デフォルト値は LLN0。	オプション
lnInst	インスタンス番号。	オプション
logName	記録する論理ノードを含む Log の相対的な名称。	必須
logEna	取りうる値：true/false。 Log の有効化を表現する。true の場合，Log を開始。 デフォルト値は true。	オプション
reasonCode	取りうる値：true/false true の場合，当該レポート送信の起因となった情報を付加する。 デフォルト値は true。	オプション

- LCB の name 属性は，LN 内でユニークである必要がる。
- datSet 属性の参照先は正確で整合が取られていなければならない。
- Log を行うデータセットの参照先は正確で整合が取られていなければならない。

4.4.31 Log 要素

Log を行う情報として Log 要素の logName 属性とすることで，複数の論理ノードのデータ属性を記述可能である。logName が空白の場合，自動的に当該論理ノードを有する論理デバイスのインスタンス名称がデフォルト値となる。Log 要素が有する属性を**表 4.110** に示す。

表 4.110　Log 要素の属性

属性名称	説明	記述
name	Log として記録する論理ノード名称。	オプション

4.4.32 GOOSESecurity 要素

GOOSE 伝送に使用される証明書の情報を表現する要素である。この証明書の詳細は，IEC 62351-6 に記載されるため参照願いたい。GOOSESecurity 要素が有する属性を**表 4.111**，子要素を**表 4.112** に示す。

表 4.111　GOOSESecurity 要素の属性

属性名称	説明	記述
xferNumber	送信側 IED が証明書を参照するために使用する番号。	オプション
serialNumber	証明書のシリアル番号を表現するための属性。	必須

表 4.112　GOOSESecurity 要素の子要素

要素名称	説明	最小出現数	最大出現数
Subject	証明書発行先の識別子を記載するための要素（4.4.34 項）。	0	制限なし
IssuerName	証明書発行者の識別子を記載するための要素（4.4.35 項）。	0	制限なし

4.4.33 SMVSecurity 要素

SV 伝送に使用される証明書の情報を表現する要素である。この証明書の詳細は，IEC 62351-6 に記載されるため参照願いたい。SMVSecurity 要素が有する属性を**表 4.113**，子要素を**表 4.114** に示す。

表 4.113 SMVSecurity 要素の属性

属性名称	説明	記述
xferNumber	送信側 IED が証明書を参照するために使用する番号。	オプション
serialNumber	証明書のシリアル番号を表現するための属性。	必須

表 4.114 SMVSecurity 要素の子要素

要素名称	説明	最小出現数	最大出現数
Subject	証明書発行先の識別子を記載するための要素（4.4.34 項）。	0	制限なし
IssuerName	証明書発行者の識別子を記載するための要素（4.4.35 項）。	0	制限なし

4.4.34 Subject 要 素

証明書発行先を表現する要素である。詳細は，IEC 62351-6 に記載されるため参照願いたい。Subject 要素が有する属性を**表 4.115** に示す。

表 4.115 Subject 要素の属性

属性名称	説明	記述
commonName	証明書内の Common Name を表現するために使用する属性。	必須
idHierarchy	証明書の階層識別子を表現するための属性。	必須

4.4.35 IssuerName 要素

証明書発行者（発行元）を表現する要素である。詳細は，IEC 62351-6 に記載されるため参照願いたい。IssuerName 要素が有する属性を**表 4.116** に示す。

表 4.116　IssuerName 要素の属性

属性名称	説明	記述
commonName	証明書内の Common Name を表現するために使用する属性。	必須
idHierarchy	証明書の階層識別子を表現するための属性。	必須

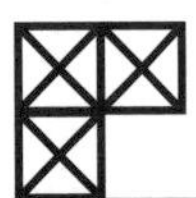

4.5　Communication 要素

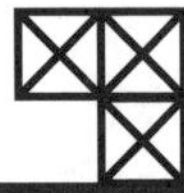

Communication 要素には，サブネットワーク上の論理ノード－IED のアクセスポイント間の直接的な通信接続に関する情報が記載される。Communication 要素のクラス図を**図 4.10** に示す。

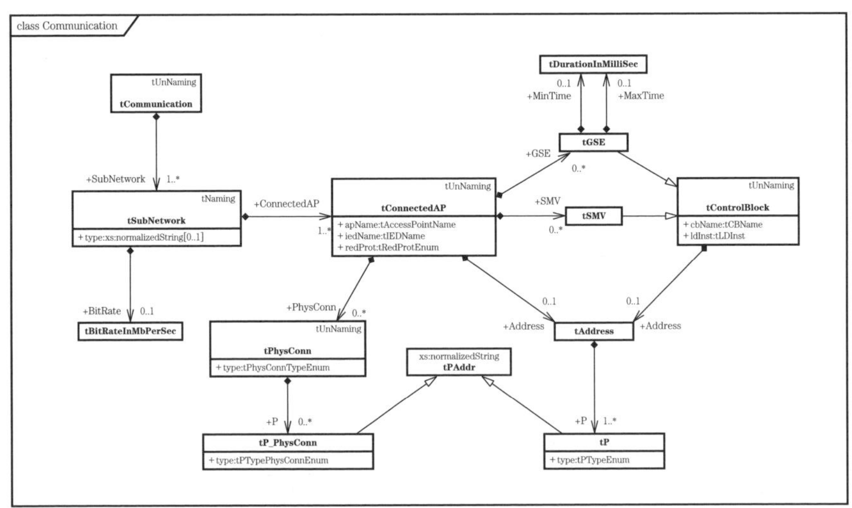

図 4.10　Communication 要素のクラス図
（IEC 61850-6 Figure 22 に基づき作成）

4.5.1　SubNetwork 要素

SubNetwork 要素には，SubNetwork で使用されるプロトコルの情報やアクセスポイント関連の情報が含まれる。SubNetwork 要素が有する属性を**表 4.117** に示すとともに SubNetwork 要素の取りうる子要素を**表 4.118** に示す。

表 4.117 SubNetwork 要素の属性

属性名称	説明	記述
name	サブネットワーク名称。SCL ファイル内でユニークである必要がある。	必須
desc	説明やコメントなど，テキストの入力をするための属性。	オプション
type	当該サブネットワークで利用される通信プロトコル（SCSM で定義されるプロトコル）のタイプ。 例えば，IEC 61850-8-1 や IEC 61850-9-2 にて定義される通信プロトコルを表現する場合，"8-MMS" と記載される。	オプション

表 4.118 SubNetwork 要素の子要素

要素名称	説明	最小出現数	最大出現数
ConnectedAP	ConnectedAP は，当該サブネットワークに接続されている IED アクセスポイントを表現する（4.5.2 項）。	1	制限なし
BitRate	当該サブネットワークのビットレート〔Mbit/s〕を表現する。	0	1

4.5.2 ConnectedAP 要素

各 ConnectedAP 要素は，当該サブネットワークに接続される IED のアクセスポイントを表現する。SCD ファイルおよび ICD ファイルにおいて，この ConnectedAP 要素の apName 属性と IED 要素内の AccessPoint 要素の name 属性を参照することで，各 IED がどのアクセスポイント（サブネットワーク）に属しているかを把握する。ConnectedAP 要素が有する属性を**表 4.119** に示

表 4.119 ConnectedAP 要素の属性

属性名称	説明	記述
iedName	IED 名称。	必須
apName	IED 内の当該アクセスポイント名称。	必須
desc	説明やコメントなど，テキストの入力をするための属性。	オプション
redProt	取りうる値：HSR/PRP/RSTP 当該アクセスポイントで通信冗長化プロトコルを利用する場合に記述される。 記述有無は，IED の実装に依存する。 デフォルト値は未記載。	オプション

表 4.120　ConnectedAP 要素の子要素

要素名称	説明	最小出現数	最大出現数
Address	当該アクセスポイントのアドレスパラメータ（IP アドレスや MAC アドレスなど）を定義するための要素。Address 要素内の P 要素にて，さまざまな異なるパラメータを表現する（4.5.3 項）。	0	1
GSE	当該 IED における GoCB や GSSE control block のアドレスを定義する（4.5.4 項）。	0	制限なし
SMV	当該 IED における（M/U）SVCB のアドレスを定義する（4.5.5 項）。	0	制限なし
PhysConn	当該アクセスポイントの物理接続のタイプを定義する（4.5.6 項）。	0	制限なし

すとともに，ConnectedAP 要素の取りうる子要素を**表 4.120** に示す。

4.5.3　Address 要素

Address 要素に含まれる P 要素により，さまざまなパラメータが定義される。P 要素 は，通信プロトコルに関する情報を表現する。P 要素は，type 属性を有しており，この type 属性の値により，P 要素がどのような情報を表現するのかが変化し，P 要素の値は type 属性が表現する情報の値となる。例えば，type 属性の値が “IP” である場合，P 要素の値は IP アドレスを表現する。また，type 属性の値が “IP-SUBNET” である場合，P 要素の値はサブネットマスクを表現する。P 要素の type 属性として取りうる値について，後述の 4.5.7 項および 4.5.8 項を参照願いたい。

Address 要素は子要素のみを有し，属性を内包しない。Address 要素が有する子要素を**表 4.121** に示す。

表 4.121　Address 要素の子要素

要素名称	説明	最小出現数	最大出現数
P	通信プロトコルに関する情報（IP アドレスなど）を表現するための要素。 P 要素の属性値および要素の値により，P 要素として何を表現するのかを使い分ける（4.5.7 項, 4.5.8 項）。	1	制限なし

4.5.4 GSE 要素

GSE 要素は，LLN0 内に配置されるためアドレス情報は抽象 tControlBlock 型に基づく。すなわち，制御ブロック関連のアドレスパラメータを記述するための Address 要素と，ldInst および cbName 属性による IED 内の Control Block への参照を促す。Address 要素には，MAC アドレスなどの情報が記述される（この場合，P 要素の type 属性の値が MAC-Address となり，P 要素の値として MAC アドレスが記述される）。GSE 要素が有する属性を**表 4.122** に示すとともに，GSE 要素の取りうる子要素を**表 4.123** に示す。

表 4.122 GSE 要素の属性

属性名称	説明	記述
desc	説明やコメントなど，テキストの入力をするための属性。	オプション
ldInst	当該 Control Block が実装される IED 内の論理デバイスのインスタンス ID。Control Block は LN0 要素（LLN0）内にのみ配置される。	必須
cbName	LLN0 を持つ論理デバイス内の Control Block 名称。	必須

表 4.123 GSE 要素の子要素

要素名称	説明	最小出現数	最大出現数
Address	当該アクセスポイントのアドレスパラメータ（IP アドレスや MAC アドレスなど）を定義するための要素。Address 要素内の P 要素にて，さまざまな異なるパラメータを表現する（4.5.3 項）。	0	1
MinTime	状態変化を検知して即時に送信するメッセージと次の同一メッセージ送信との最小再送時間間隔を表現する。この値は，IEC 61850-8-1 にて定義される GOOSE の最小送信間隔となる。また，IEC 61850-7-2 および IEC 61850-8-1 にて定義される GOOSE の通信途絶を監視する timeAllowedToLive のパラメータとしても利用される。	0	1
MaxTime	GOOSE メッセージのハートビートとして定周期送信する時間間隔を表現する。また，IEC 61850-7-2 および IEC 61850-8-1 にて定義される GOOSE の通信途絶を監視する timeAllowedToLive のパラメータとしても利用される。	0	制限なし

4.5.5 SMV　要　素

SMV 要素は，GSE 要素が GoCB などに対して行うように，（M/U）SVCB のアドレスを定義している。また，tControlBlock スキーマタイプに基づいているため，GSE 要素と同じ属性および Address 要素を保有する。SMV 要素が有する属性を**表 4.124** に示すとともに，SMV 要素の取りうる子要素を**表 4.125** に示す。

表 4.124　SMV 要素の属性

属性名称	説明	記述
desc	説明やコメントなど，テキストの入力をするための属性。	オプション
ldInst	当該 Control Block が実装される IED 内の論理デバイスのインスタンス ID。Control Block は LN0 要素（LLN0）内にのみ配置される。	必須
cbName	LLN0 を持つ論理デバイス内の Control Block 名称。	必須

表 4.125　SMV 要素の子要素

要素名称	説明	最小出現数	最大出現数
Address	当該アクセスポイントのアドレスパラメータ（IP アドレスや MAC アドレスなど）を定義するための要素。Address 要素内の P 要素にて，さまざまな異なるパラメータを表現する（4.5.3 項）。	0	1

4.5.6 PhysConn 要素

PhysConn 要素は，当該アクセスポイントの物理接続の型を定義する要素である。要素のパラメータについては，物理的接続の型に依存し，このタイプは各 SCSM にて定義される。PhysConn が有する属性を**表 4.126** に示すととも

表 4.126　PhysConn 要素の属性

属性名称	説明	記述
type	取りうる値：Connection/RedConn。 Connection：常用の通信ポートであることを表現する。 RedConn：冗長化された通信ポートであることを表現する。	オプション

に，PhysConn 要素の取りうる子要素を**表 4.127** に示す。PhysConn 要素内においても P 要素を利用するが，PhysConn 要素内では，表 4.127 に示す値を取りうる。

表 4.127 PhysConn 要素の子要素

要素名称	説明	最小出現数	最大出現数
P	物理接続がどのような仕様であるか，コネクタの種類などを表現する要素。 P 要素の属性値および要素の値により，P 要素として何を表現するのかを使い分ける（4.5.8 項）。	1	制限なし

4.5.7 P 要素（Address 要素の子要素として使用する場合）

P 要素は属性のみを有し，子要素を内包しない。P 要素が有する属性を**表 4.128** に示す。IEC 61850-8 シリーズにて IEC 61850 通信サービスと実際の通信プロトコルとのひもづけを行っている。P 要素の type 属性の値は，ひもづけする通信プロトコルに依存するため，IEC 61850-8 シリーズを参照願いたい。

表 4.128 P 要素（Address 要素内の場合）の属性

属性名称	説明	記述
type	取りうる値：IP/IP-SUBNET/IP-GATEWAY/OSI-NSAP/OSI-TSEL/OSI-SSEL/OSI-PSEL/OSI-AP-Title/OSI-AP-Invoke/OSI-AE-Qualifer/OSI-AE-Invoke/MAC-Address/APPID/VLAN-PRIORITY/VLAN-ID/SNTP-Port/MMS-Port/DNSName/IPv6FlowLabel/IPv6ClassOfTraffic/C37-118-IP-Port/IP-UDP-Port/IP-TCP-Port/IPv6/IPv6-SUBSNET/IPv6-GATEWAY/IPv6-IGMPv3Src/IP-IGMPv3Src/IP-ClassOfTraffic 通信プロトコルの把握に必要なパラメータの種類を示す。 上記の type 属性を指定し，P 要素の値を入力することで，パラメータを表現するとともに区別する。	オプション

P 要素（Address 要素内の子要素）には，記述するにあたり，以下に示す制約がある。

● P 要素の type 属性は文字列である必要があり，英数字と "-" のみ使用可能。

4.5.8　P 要素（PhysConn 要素の子要素として使用する場合）

P 要素は属性のみを有し，子要素を内包しない。P 要素が有する属性の定義を**表 4.129** に示す。

表 4.129　P 要素（PhysConn 要素内の場合）の属性

属性名称	説明	記述
type	取りうる値：Type/Plug/Cable/Port。 通信インタフェースの物理接続に関する情報の把握に必要なパラメータの種類を示す。 上記の type 属性を指定し，P 要素の値を入力することで，パラメータを表示するとともに区別する。	オプション

PhysConn 要素および P 要素（PhysConn 要素内の子要素）には，記述するにあたり，以下に示す制約がある。

● PhysConn 要素の type 属性の値および P 要素の type 属性の値は，アルファベットの文字列でなければならない。

● PhysConn 要素の type 属性の値が RedConn の場合，PhyConn 要素あたり，一つのみ記述可能である。

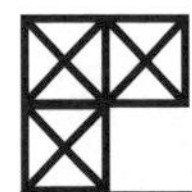

4.6　DataTypeTemplates 要素

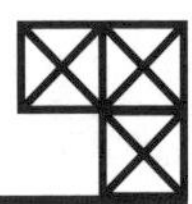

DataTypeTemplates 要素は，インスタンス化可能な論理ノード，データオブジェクト，データ属性，列挙型データの型を定義する要素であり，上記の定義を表現する要素を子要素として内包できる。定義の表現は，各子要素の id にて行う。DataTypeTemplates 要素のクラス図を**図 4.11**（IEC 61850-6 Figure23 に基づき作成）に示す。

DataTypeTemplates 要素の子要素を**表 4.130** に示す。

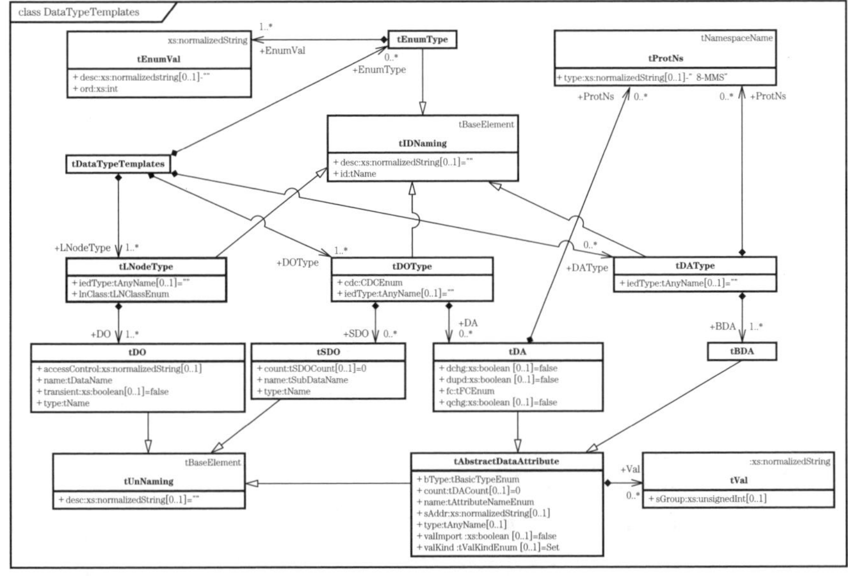

図 4.11 DataTypeTemplates 要素のクラス図（IEC 61850-6 Figure 23 に基づき作成）

表 4.130 DataTypeTemplates 要素の子要素

要素名称	説明	最小出現数	最大出現数
LNodeType	インスタンス化可能な論理ノードの型であり，IED 要素および Substation 要素から参照される。論理ノードの種類およびテンプレートは，IEC 61850-7-4 に基づく。	1	制限なし
DOType	インスタンス化可能なデータオブジェクトの型であり，LNodeType 要素およびほかの DOType 要素を持つ SDO 要素から参照される。 データオブジェクトの種類およびテンプレートは，IEC 61850-7-3 および IEC 61850-7-4 に基づく。	1	制限なし
DAType	インスタンス化可能なデータ属性の型であり，DOType 要素内の DA 要素もしくは入れ子構造を持つほかの DAType 要素から参照される。 データオブジェクトの種類およびテンプレートは，IEC 61850-7-3 に基づく。	0	制限なし
EnumType	列挙型データの定義を示す型である。DOType 要素の DA 要素もしくは DAType 要素から参照される。列挙型のデータ定義は，IEC 61850-7-3 および IEC 61850-7-4 に基づく。	0	制限なし

4.6.1 LNodeType 要素

LNodeType 要素は，その論理ノードを構成するデータオブジェクト，それらのデータ属性，取りうるデフォルトの値を示す一覧が記載される。LNodeType 要素が有する属性を**表 4.131** に示すとともに，LNodeType 要素の取りうる子要素を**表 4.132** に示す。

表 4.131　LNodeType 要素の属性

属性名称	説明	記述
id	当該 SCL セクション内でこの論理ノードの型を識別する識別子。識別子を複数定義することにより，同じ名称の論理ノードであっても構造定義が異なる論理ノードを定義することができる。	必須
desc	説明やコメントなど，テキストの入力をするための属性。	オプション
iedType	この論理ノードの型が属する IED のメーカの IED 型式を表現する（Ed.2.1 では廃止）。	オプション
lnClass	IEC 61850-7 シリーズで定義される論理ノードクラスを表現する。	必須

表 4.132　LNodeType 要素の子要素

要素名称	説明	最小出現数	最大出現数
DO	この DO においてインスタンス化可能なデータオブジェクトの型を表現する（4.6.2 項）。	1	制限なし

4.6.2 DO　要　素

DO 要素は，インスタンス化可能なデータオブジェクトの型（定義）を表現する。DO 要素は，属性のみを有し，子要素を内包しない。**表 4.133** に，DO

表 4.133　DO 要素の属性

属性名称	説明	記述
name	IEC 61850-7-4 にて定義されるデータオブジェクト名称。	必須
type	DOType 要素の id 属性を参照するための値。	必須
accessControl	当該 DO のアクセスコントロール定義。空白である場合，より上位のアクセスコントロール定義が適用される。	オプション
transient	true に設定されている場合，IEC 61850-7-4 で定義される "瞬時動作" が適用されることを表現する。	オプション
desc	説明やコメントなど，テキストの入力をするための属性。	オプション

要素が有する属性の定義を示す。

LNodeType 要素内に複数の DO 要素が記述され，この DO 要素内の type 属性の値が DOType 要素の id 属性値にひもづくこととなる。

4.6.3 DOType 要素

DOType 要素は，LNodeType 要素内の DO 要素から参照される要素であり，当該 DO がどのようなデータ属性などを有するかを定義する。DOType 要素が有する属性を**表 4.134** に示すとともに，DOType 要素の取りうる子要素を**表 4.135** に示す。

表 4.134 DOType 要素の属性

属性名称	説明	記述
id	当該 SCL セクション内でこのデータオブジェクトの型を識別する識別子。	必須
iedType	このデータオブジェクトの型が属する IED の型式を表現する。空白の場合，もしくは Substation 要素内で IED 要素が記述されていない場合，すべての IED に適用可能であることを表現する。	オプション
cdc	IEC 61850-7-3 で定義されている基本的な CDC（common data class）。	オプション
desc	説明やコメントなど，テキストの入力をするための属性。	オプション

表 4.135 DOType 要素の子要素

要素名称	説明	最小出現数	最大出現数
SDO	構造体を持つデータオブジェクトを表現する要素。別の DOType 要素を参照可能（4.6.4 項）。	0	制限なし
DA	データ属性を表現する要素（4.6.5 項）。	0	制限なし

4.6.4 SDO 要素

SDO 要素は，入れ子構造を持つデータオブジェクト属性のみを有し，子要素を内包しない。SDO 要素が有する属性を**表 4.136** に示す。

表 4.136　SDO 要素の属性

属性名称	説明	記述
name	当該 SDO 名称。	必須
desc	説明やコメントなど，テキストの入力をするための属性。	オプション
type	当該 SDO の内容として定義される DOType を参照するための値。	必須
count	当該要素が ARRAY タイプを持つ要素である場合，配列要素の数を定義する属性の参照数を表現する。	オプション

4.6.5 DA　要　素

DA 要素は，当該データ属性の名称や当該データ属性が表現するデータの値の基本的な型，列挙型データの場合の型の参照先（EnumType 要素）などを定義する。DA 要素が有する属性を**表 4.137** に示すとともに，DA 要素の取りうる子要素を**表 4.138** に示す。

表 4.137　DA 要素の属性

属性名称	説明	記述
desc	説明やコメントなど，テキストの入力をするための属性。	オプション
name	当該データ属性の名称を表現する。	必須
fc	当該データ属性の機能制約を表現する。Fc の定義については IEC 61850-7-2 を参照のこと。	必須
dchg	属性がサポートするトリガオプションを定義する。 true の場合，状態変化時のトリガをサポートしていることを意味する。	オプション
qchg	属性がサポートするトリガオプションを定義する。 true の場合，データの品質変化時のトリガをサポートしていることを意味する。	オプション
dupd	属性がサポートするトリガオプションを定義する。 true の場合，状態更新時のトリガをサポートしていることを意味する。	オプション
sAddr	この属性の省略可能な短いアドレス。	オプション
bType	表 4.96 のような tBasicTypeEnum（整数型など基本的なデータ型の定義）にて定義されるデータ属性が持つ値のデータ型を表現する。	必須
type	列挙型のデータ型となる場合，または構造体を持つ場合に使用する。 列挙型の場合：type＝Enum 構造体の場合：type＝Struct	オプション

表 4.137 DA 要素の属性（つづき）

属性名称	説明	記述
count	この属性が配列である場合，配列要素の数を記述するか，この数を記述する属性を参照する。	オプション
valKind	値が指定された場合に，その値をどのように解釈するかを表現する。	オプション
valImport	true の場合，valKind＝RO または valKind＝Conf であっても，別のツールによって変更された値を SCD ファイルからインポートが可能であることを表現する。	オプション

表 4.138 DA 要素の子要素

要素名称	説明	最小出現数	最大出現数
ProtNS	特定の通信プロトコルのマッピングに従って定義されるデータの型が存在する。どの場合に，プロトコルスタックにマッピングされているかを ProtNS 要素にて表現する（4.6.6 項）。	0	制限なし
Val	当該データ属性のデフォルト値を表現する（4.6.7 項）。	0	制限なし

4.6.6 ProtNs 要 素

特定の通信プロトコルスタックに属するかを表現する必要がある場合，ProtNs 要素にて表現する。適用する通信プロトコルスタックによっては，データの構造をプロトコルスタックに合わせて定義する必要があるため，用意される要素である。ProtNS は属性のみを有し，子要素を内包しない。ProtNs 要素が有する属性を**表 4.139** に示す。

表 4.139 ProtNs 要素の属性

属性名称	説明	記述
type	プロトコルスタックを表現する。 デフォルト値は 8-MMS。	オプション

4.6.7 Val 要 素

Val 要素は，データ属性の値のデフォルト値を表現する。Val 要素は，属性のみを有し，子要素を内包しない。Val 要素が有する属性を**表 4.140** に示す。

表 4.140　Val 要素の属性

属性名称	説明	記述
sGroup	当該データが fc＝SG である場合に適用される属性。 sGroup 属性の属性値が，当該データの値が属する設定グループを表現する。定義される設定グループごとに値が存在する場合がある（同一 DA 要素内に異なる sGroup 属性値を持つ Val 要素を複数記述可能）。	オプション

4.6.8 DAType 要素

DAType 要素は，DOType 要素内の DA 要素から参照される要素であり，当該 DA がどのようなデータで構成されるのかを定義する。DAType 要素が有する属性を**表 4.141** に示すとともに，DAType 要素の取りうる子要素を**表 4.142** に示す。

表 4.141　DAType 要素の属性

属性名称	説明	記述
id	当該 SCL セクション内でこのデータ属性の型を識別する識別子。	必須
desc	説明やコメントなど，テキストの入力をするための属性。	オプション
iedType	このデータ属性の型が属する IED の型式を表現する。空白の場合，もしくは Substation 要素内で IED 要素が記述されていない場合，すべての IED に適用可能であることを表現する。	オプション

表 4.142　DAType 要素の子要素

要素名称	説明	最小出現数	最大出現数
BDA	DAType 要素で定義する構造体のデータ一つ一つの定義を表現する（4.6.9 項）。	1	制限なし
ProtNS	特定の通信プロトコルのマッピングに従って定義されるデータの型が存在する。どの場合に，プロトコルスタックにマッピングされているかを ProtNS 要素にて表現する（4.6.6 項）。	0	制限なし

4.6.9 BDA 要素

BDA 要素により，DAType 要素により定義する構造体を有するデータ属性や列挙型のデータ属性の一つ一つを表現する。BDA 要素の属性を**表 4.143** に示すとともに，BDA 要素の取りうる子要素を**表 4.144** に示す。

表 4.143 BDA 要素の属性

属性名称	説明	記述
desc	説明やコメントなど，テキストの入力をするための属性。	オプション
name	当該データ属性の名称を表現する。	必須
sAddr	この属性の省略可能な短いアドレス。	オプション
bType	表 4.96 のような tBasicTypeEnum（整数型など基本的なデータ型の定義）にて定期されるデータ属性が持つ値のデータ型を表現する。	必須
type	列挙型のデータ型となる場合，または構造体を持つ場合に使用する。 列挙型の場合：type＝Enum 構造体の場合：type＝Struct	オプション
count	この属性が配列である場合，配列要素の数を記述するか，この数を記述する属性を参照する。	オプション
valKind	値が指定された場合に，その値をどのように解釈するかを表現する。	オプション
valImport	true の場合，valKind＝RO または valKind＝Conf であっても，別のツールによって変更された値を SCD ファイルからインポートが可能であることを表現する。	オプション

表 4.144 BDA 要素の子要素

要素名称	説明	最小出現数	最大出現数
Val	当該データ属性のデフォルト値を表現する（4.6.7 項）。	0	制限なし

4.6.10 EnumType 要素

EnumType 要素は，列挙型データの定義を識別するための要素である。EnumType 要素が有する属性を**表 4.145** に示すとともに，EnumType 要素の取りうる子要素を**表 4.146** に示す。

表 4.145 EnumType 要素の属性

属性名称	説明	記述
id	当該SCLセクション内でこの列挙型データの型を識別する識別子。	必須
desc	説明やコメントなど，テキストの入力をするための属性。	オプション

表 4.146 EnumType 要素の子要素

要素名称	説明	最小出現数	最大出現数
EnumVal	当該要素で列挙型が取りうる値と，その意味を定義する（4.6.11 項）。	1	制限なし

4.6.11 EnumVal 要素

EnumVal 要素は，列挙型が取りうる値とその意味合いを表現する。EnumVal 要素は，属性のみを有し，子要素を内包しない。EnumVal 要素が有する属性を**表 4.147** に示す。

表 4.147 EnumVal 要素の属性

属性名称	説明	記述
ord	ord 属性値には整数が入力される。ord 属性値に応じて EnumVal 要素の値として，意味合いが文字列として入力される。	必須
desc	説明やコメントなど，テキストの入力をするための属性。	オプション

引用・参考文献

1） IEC 61850-6:2018 Amendment 1 - Communication networks and systems for power utility automation – Part 6: Configuration description language for communication in power utility automation systems related to IEDs

2） IEC 61850-7-2:2020 - Communication networks and systems for power utility automation – Part 7-2:Basic information and communication structure – Abstract communication service interface (ACSI)

3） RFC 2045 Multi purpose: Internet Mail Extensions (MIME) Part One : Format of Internet Message Bodies（1996）

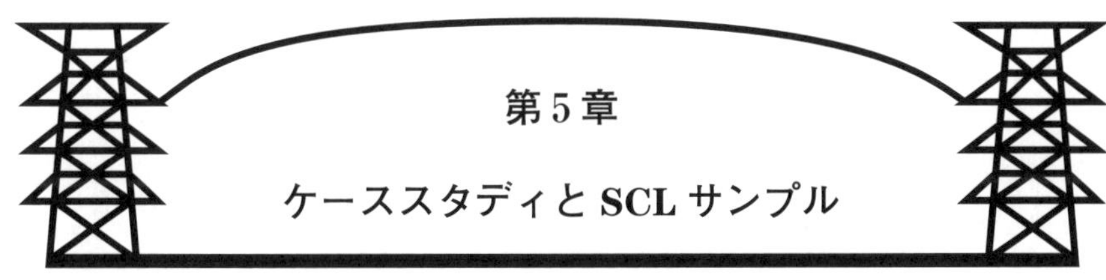

第5章 ケーススタディとSCLサンプル

本章では，サンプル変電所を例として，SCDファイルの記述例（Web付録に収録）について説明する。当該ケーススタディと4章で記述した各種SCL要素およびUMLクラス図と照らし合わせつつ，理解を深めていただきたい。なお，SSTやSCT，ICTなどのエンジニアリングツールは，複数の製品が存在し，使用方法については各製品に依存するところが多く，一般的な説明ができないため割愛する。なお，SCDファイルの記述例は，IEC 61850-6（Edition.2.1）に基づいている[1)]。

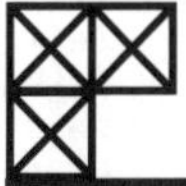

5.1 サンプル変電所における変電所構内通信ネットワーク

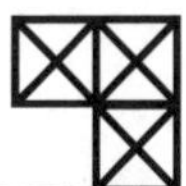

サンプル変電所の主回路構成を**図5.1**に示す。サンプル変電所では，275 kV / 77 kVの超高圧変電所を想定している。一般的に超高圧変電所は，複母線構成であるが，SCL記述の説明をわかりやすくするため，サンプル変電所の機器構成を簡素なものとすることを考慮し図5.1に示す主回路構成とした。

図5.1のサンプル変電所では，ケーススタディを試みる主回路を四つに区分してそれぞれに名称を与える。この四つに区分した主回路部分を「ベイ（Bay）」または「回線」などと呼ぶ。これらの四つのBay（回線）を，それぞれ，① 275A-BUS，② 275A-BUSVT，③ 275TR1P1，④ 275TR1と表現する。

これらのBay①～④に対し，各種IED・MUが配置され，Bayごとに開閉器制御や保護機能などの各種機能が配置される。ここでは，サンプル変電所保護

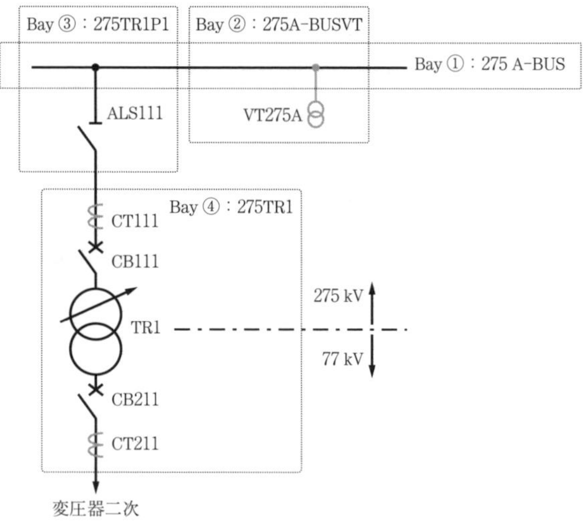

図 5.1　サンプル変電所主回路構成

監視制御システムの通信ネットワーク構成をどのように構築するかに依存して，IED・MU に具備すべき機能が異なる。IEC TR 61850-7-500[2)] に記載されるシステム構成例を以下に紹介しよう。

5.1.1　構成 1：ステーションバスとプロセスバスの分離

構成 1 のシステム構成図を**図 5.2** に示す。

構成 1 は，ステーションバスとプロセスバスを完全に分離したシステム構成である。ベイレベルの IED およびプロセスレベルの MU はステーションバス

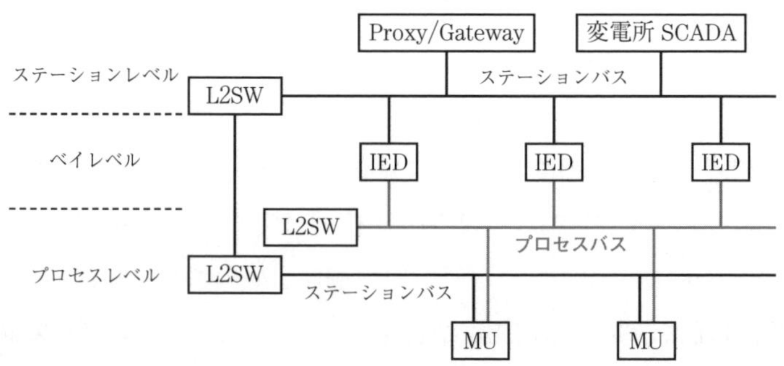

図 5.2　構成 1：ステーションバスとプロセスバスの分離

とプロセスバスの両方に接続される。ステーションバスでは，IED－IED間の情報伝達（GOOSE）やIEDまたはMU－変電所SCADA間の情報伝達（Report）が実施され，プロセスバスでは，IED－MU間の情報伝達（GOOSEやSV）が実施される。

構成1のメリットとしては，ステーションレベルの変電所SCADAにてプロセスレベルのMU状態情報を監視することが可能となる。そのため，システムを構成するすべてのIEDおよびMUの状態監視が可能となる。一方でデメリットも存在し，プロセスレベルのMUまでステーションバスを構築することが必要となる。

5.1.2　構成2：ステーションバスとプロセスバスの分離（Proxy接続）

構成2のシステム構成図を**図5.3**に示す。

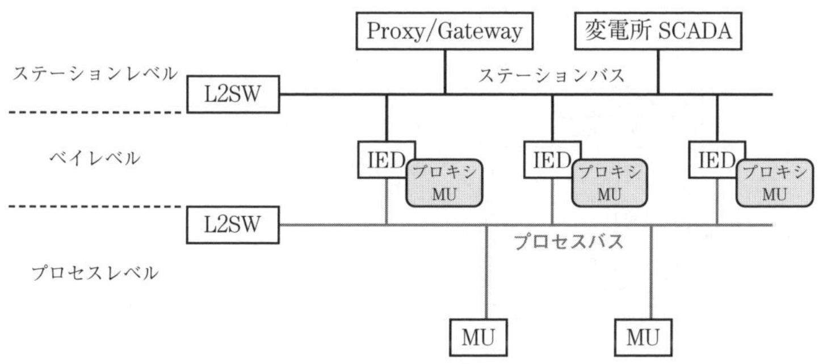

図5.3　構成2：ステーションバスとプロセスバスの分離（プロキシ使用）

構成2も構成1と同様にステーションバスとプロセスバスを完全に分離したシステム構成である。構成1と異なる点は，プロセスレベルのMUはプロセスバスのみに接続される。ステーションバスでは，IED－IED間の情報伝達（GOOSE）やIED－変電所SCADA間の情報伝達（Report）が実施され，プロセスバスでは，IED－MU間の情報伝達（GOOSEやSV）が実施される。ステーションバスにMUが接続されていないため，変電所SCADAやProxy/Gatewayは，MUの状態を監視できない。上記を解決するべく，変電所SCADAやProxy/Gateway

にてプロセスレベルのMU状態を把握することを目的に，ベイレベルのIEDをMUのプロキシとして動作（MUが具備する一部のデータをプロキシとして動作）させる必要がある。プロキシについては，IEC 61850-7-1に定義および利用方法が記載されているため，詳細については参照されたい[3)]。

プロキシのイメージを**図5.4**に示す。プロキシとしての表現には2通り存在する。一つ目は，図5.4（a）に示すように，論理デバイス単位でプロキシか否かを表現する方法である。プロキシとして表現したい論理デバイス内の論理ノードLPHDのデータオブジェクトProxyをtrueとすることで，当該論理デバイス自体がプロキシであること，当該論理デバイス内に存在する論理ノードの実体が別にあることを表現する。

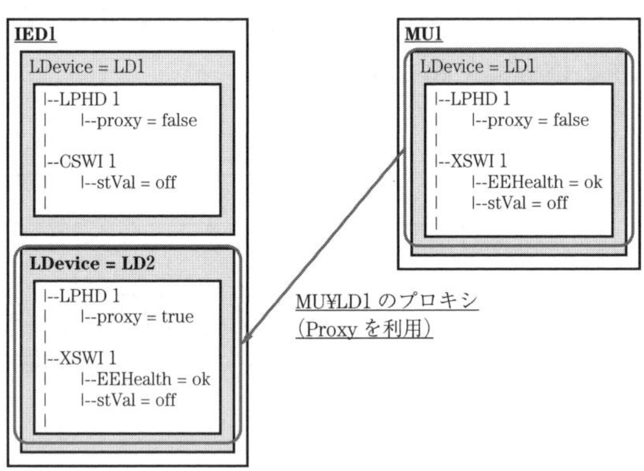

（a） 論理デバイス単位のプロキシ（Proxyを利用）

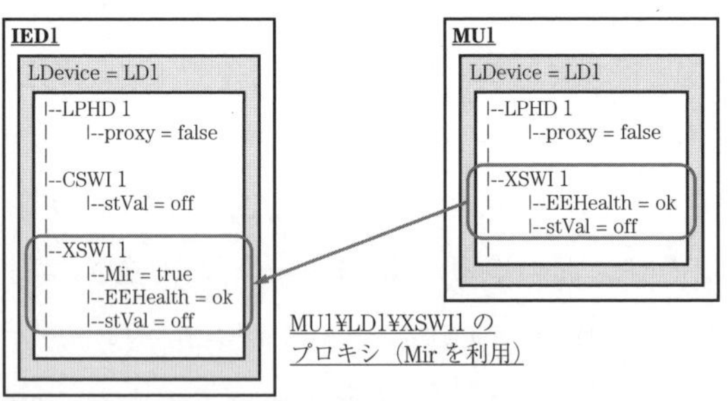

（b） 論理ノード単位のプロキシ（Mirを利用）

図5.4 プロキシのイメージ

二つ目は，図5.4（b）に示すように，論理ノード単位でプロキシか否かを表現する方法である。プロキシとして表現したい論理ノードにデータオブジェクトMirを具備し，trueとすることで，当該論理ノードがプロキシ（ほかに実体のある論理ノードのミラー）であることを表現する。

上記プロキシを適切に活用すれば，構成1のMUに接続されるステーションバス用のL2SWや光ケーブル布設が不要となる。

5.1.3 構成3：ステーションバスとプロセスバスの統合

構成3のシステム構成図を**図5.5**に示す。構成3は，ステーションバスとプロセスバスを同一サブネットとしている。すなわち，IED－IED間の情報伝達（GOOSE）やIEDまたはMU－変電所SCADA間の情報伝達（Report），IED－MU間の情報伝達（GOOSEやSV）が同一サブネットにて実施される。そのため，通信帯域管理が必須であり，比較的装置数の少ないシステムへの適用が推奨される。

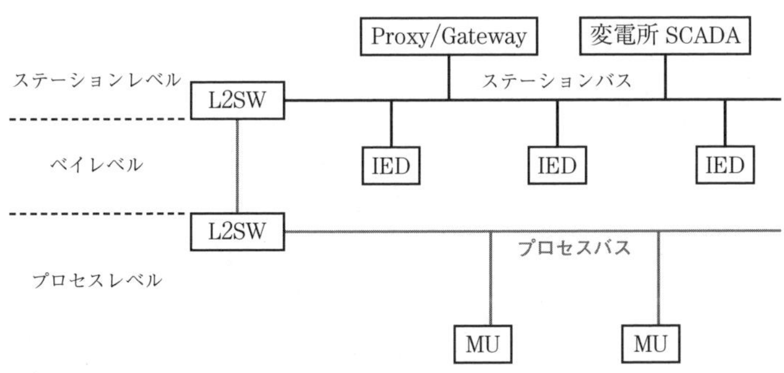

図5.5 構成3：ステーションバスとプロセスバスの統合

以上のように，IEC TR 61850-7-500にて記載のあるシステム構成について紹介した。本ケーススタディにおいては，国内外で実績のある構成2に基づいたシステム構成を例とする。今回のサンプル変電所において，プロキシとしての表現は論理ノード単位とし，データオブジェクトMir（図5.4（b））を利用した例を示す。

本ケーススタディにおけるサンプル変電所の変電所保護制御システム構成（IEDおよびMU配置）を**図5.6**，変電所通信ネットワーク構成を**図5.7**に示

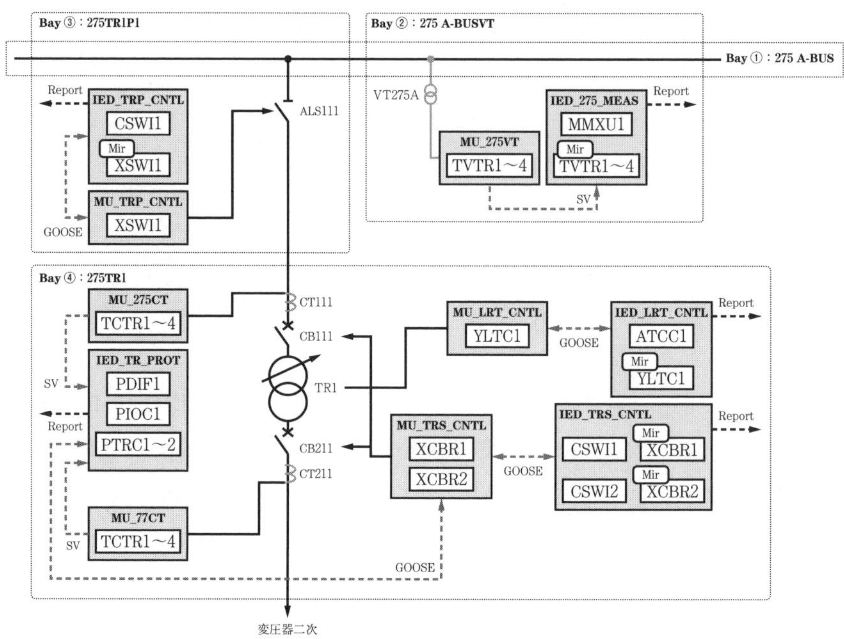

図 5.6　サンプル変電所：変電所保護制御システム構成

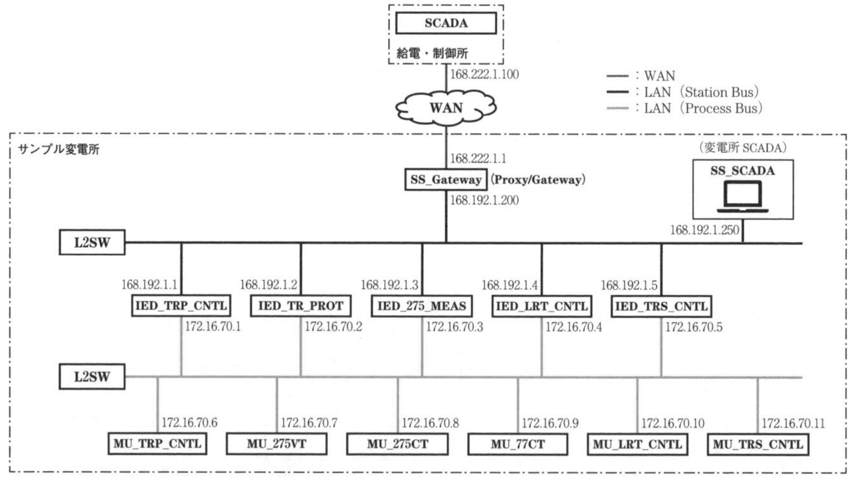

図 5.7　サンプル変電所：保護監視制御システム通信ネットワーク構成

す。なお，通信ネットワークにおいて，一般的に275 kV以上の超高圧変電所では冗長化を考慮しているが，本ケーススタディでは，説明をわかりやすくするため，簡素化している。

図5.6および図5.7に示した変電所構内の各種装置（IED，MU，変電所SCADA，Proxy/Gateway）の概要について，**表5.1**にBay単位でまとめる。

表5.1 各種装置 概要（Bay単位）

（a）Bay② 275A-BUSVT

装置名称	概要	実装LN	Mir	伝送元（DataSet名）	伝送種別	伝送先（DataSet名）	伝送種別
IED_275_MEAS	275 A母線の母線電圧計測を担うIEDである。MUから受信したSV（母線電圧瞬時値）に基づき，MMXUにて，母線電圧値の計測を行う。	MMXU1 TVTR1 TVTR2 TVTR3 TVTR4	× ○ ○ ○ ○	MU_275VT （SV_P_VTA_Voltage） （G_P_VTA_IND）	GOOSE SV	Proxy/Gateway 変電所SCADA （R_MEAS_VT） （R_VT_IND）	Report
MU_275VT	275 A母線VT近傍に設置され，TVTRにて，A/D変換を実施し，SV伝送を担うMUである。	TVTR1 TVTR2 TVTR3 TVTR4	× × × ×	–	–	IED_275_MEAS （SV_P_VTA_Voltage） （G_P_VTA_IND）	SV GOOSE

（b）Bay③ 275TR1P1

装置名称	概要	実装LN	Mir	伝送元（DataSet名）	伝送種別	伝送先（DataSet名）	伝送種別
IED_TRP_CNTL	275 kV一次側LS"ALS111"の開閉制御を担うIEDである。遠方の制御所/変電所SCADAからの開閉指令に基づき，CSWIにてALS111の開閉制御を行う。受信した開閉指令に基づき，MUに対して開閉指令（GOOSE）を送信する。また，MUから受信する開閉器状態など（GOOSE）を把握する。	CSWI1 XSWI1	× ○	MU_TRP_CNTL （G_P_TRP_LS_IND）	GOOSE	Proxy/Gateway 変電所SCADA （R_TRP_LS_IND） MU_TRP_CNTL （G_P_TRP_LS_CNTL）	Report GOOSE
MU_TRP_CNTL	275 kV一次側LS"ALS111"の近傍に設置され，実機に対して，最終出力を行うMUである。受信した開閉指令（GOOSE）に基づき実機の断路器を制御する。また，開閉器状態など（GOOSE）を送信する。	XSWI1	×	IED_TRP_CNTL （G_P_TRP_LS_CNTL）	GOOSE	IED_TRP_CNTL （G_P_TRP_LS_IND）	GOOSE

（c）Bay ④　275TR1

装置名称	概要	実装 LN	Mir	伝送元（DataSet名）	伝送種別	伝送先（DataSet名）	伝送種別
IED_TR_PROT	変圧器保護を担う IED である。MU_275CT および MU_77CT から受信する電流瞬時値（SV），MU_TRS_CNTL から受信する開閉器状態など（GOOSE）に基づき，保護演算を行い，事故検出時にトリップ指令(GOOSE)を MU_TRS_CNTL に送信する。	PDIF1 PIOC1 PTRC1 PTRC2	× × × ×	MU_275CT（SV_P_275CT_Current） MU_77CT（SV_P_77CT_Current） MU_TRS_CNTL（G_P_TRS_CB_IND）	GOOSE SV	Proxy/Gateway 変電所 SCADA（R_Ry_IND） MU_TRS_CNTL（G_P_Trip_CB）	Report GOOSE
IED_TRS_CNTL	275 kV 側 CB“CB111” および 77 kV 側 CB“CB211” の開閉制御を担う IED である。遠方の制御所／変電所 SCADA からの開閉指令に基づき，CSWI にて CB111 および CB211 の開閉制御を行う。受信した開閉指令に基づき，MU に対して開閉指令(GOOSE)を送信する。また，MU から受信する開閉器状態など（GOOSE）を把握する。	CSWI1 CSWI2 XCBR1 XCBR2	× × ○ ○	MU_TRS_CNTL（G_P_TRS_CB_IND）	GOOSE	Proxy/Gateway 変電所 SCADA（R_TRS_CB_IND） MU_TRS_CNTL（G_P_TRS_CB_CNTL）	Report GOOSE
IED_LRT_CNTL	変圧器タップ切換など，変圧器制御を担う IED である。MU_LRT_CNTL から受信する変圧器開閉器状態など（GOOSE）に基づき，ATCC にて電圧調整演算を行い，タップ切換指令（GOOSE）を MU_LRT_CNTL に送信する。	ATCC1 YLTC1	× ○	MU_LRT_CNTL（G_P_LRT_IND）	GOOSE	Proxy/Gateway 変電所 SCADA（R_LRT_IND） MU_LRT_CNTL（G_P_LRT_TAP_CNTL）	Report GOOSE
MU_275CT	275 kV 側 CT“CT111” 近傍に設置され，TCTR にて A/D 変換を実施し，電流瞬時値（SV）伝送を担う MU である。	TCTR1 TCTR2 TCTR3 TCTR4	× × × ×	–	–	IED_TR_PROT（SV_P_275CT_Current）	SV
MU_77CT	77 kV 側 CT“CT211” 近傍に設置され，TCTR にて A/D 変換を実施し，電流瞬時値（SV）伝送を担う MU である。	TCTR1 TCTR2 TCTR3 TCTR4	× × × ×	–	–	IED_TR_PROT（SV_P_77CT_Current）	SV

（c）Bay④ 275TR1（つづき）

装置名称	概要	実装 LN	Mir	伝送元（DataSet名）	伝送種別	伝送先（DataSet名）	伝送種別
MU_TRS_CNTL	275 kV 側 CB"CB111" および 77 kV 側 CB"CB211" の開閉制御を担う MU である。IED_ TR_CNTL や IED_ TRS_CNTL から受信するトリップ指令および開閉指令（GOOSE）に基づき，実機の遮断機を制御する。また，開閉状態など（GOOSE）を送信する。	XCBR1 XCBR2	× ×	IED_ TR_PROT （G_P_Trip_CB） IED_ TRS_CNTL （G_P_TRS_CB_CNTL）	GOOSE	IED_ TR_PROT （G_P_TRS_CB_IND） IED_ TRS_CNTL （G_P_TRS_CB_IND）	GOOSE
MU_LRT_CNTL	電力用変圧器 "TR1" の近傍に設置され，実機に対して，最終出力を行う MU である。受信したタップ切換指令（GOOSE）に基づき実機を制御する。また，タップ状態（GOOSE）を送信する。	YLTC1	×	IED_ LRT_CNTL （G_P_LRT_TAP_CNTL）	GOOSE	IED_ LRT_CNTL （G_P_LRT_IND）	GOOSE

（d）変電所 SCADA

装置名称	概要	実装 LN	Mir	伝送元（DataSet名）	伝送種別	伝送先（DataSet名）	伝送種別
変電所 SCADA	各 IED から送信される Report により，監視を実施する。変電所内指令操作の制御権を有する場合，変電所 SCADA から，IED に対して制御指令を送信可能となる。	IHMI	−	IED_ TRP_CNTL （R_TRP_LS_IND） IED_ 275_MEAS （R_MEAS_VT） （R_VT_Status） IED_ TR_PROT （R_Ry_IND） IED_ TRS_CNTL （R_TRS_CB_IND） IED_ LRT_CNTL （R_LRT_IND）	Report	各 IED	Control など

（e）Proxy/Gateway

装置名称	概要	実装 LN	Mir	伝送元（DataSet名）	伝送種別	伝送先（DataSet名）	伝送種別
Proxy/Gateway	各 IED から送信される Report により，監視を実施する。制御所指令操作の制御権を有する場合，制御所から制御指令を受信し，IED に対して制御指令を送信可能となる。	ITCI	−	IED_ TRP_CNTL （R_TRP_LS_IND） IED_ 275_MEAS （R_MEAS_VT） （R_VT_Status） IED_ TR_PROT （R_Ry_IND） IED_ TRS_CNTL （R_TRS_CB_IND） IED_ LRT_CNTL （R_LRT_IND）	Report	各 IED	Control など

SCD ファイル

```xml
<?xml version="1.0"?>
<SCL xmlns:xsi="http://www.w3.org/2001/XMLSchema-instance" xmlns="http://www.iec.ch/61850/2003/SCL"
version="2007" revision="B" release="3"
xsi:schemaLocation="http://www.iec.ch/61850/2003/SCLfile:///C:/Data/SCLXSD/SCL.2007B4/SCL.xsd">

  <Header id="SCD Sample" toolID="manual input" version="1" revision="1">
    <Text> This SCD file is a sample for Sample S/S and is not complete as SCD <Text/>
      <History>
        <Hitem version="1" revision="1" when="2023/08/14/" who="Author"/>
      </History>
  </Header>

  <Substation name="Sample" desc="this is the sample S/S,so it is not complete SCD file">
    <VoltageLevel name="275">

    </VoltageLevel>

    <PowerTransformer name="TR1" Type="PTR">

    </PowerTransformer>
          ⋮
  </Substation>

  <Communication>
    <SubNetwork name="S1" type="8-MMS">
      <ConnectedAP iedName="IED_TRP_CNTL" apName="S1">
        <Address>
          ⋮
        </Address>
      </ConnectedAP>

      <ConnectedAP iedName="IED_TR_PROT" apName="S1">
        <Address>
          ⋮
        </Address>
      </ConnectedAP>
          ⋮
    </SubNetwork>
  </Communication>

  <IED name="IED_TRP_CNTL">
    <Services nameLength="64">
      <ConfReportControl max="12"/>
      <GOOSE/>
          ⋮
    </Services>
    <AcessPoint name="S1">
        <Server>
          ⋮
        </Server>
    </AccessPoint>
  </IED>

  <IED name="BBB1">
    <Services nameLength="64">
      <ConfReportControl max="12"/>
      <GOOSE/>
          ⋮
    </Services>
    <AccessPoint name="S1">
        <Server>
          ⋮
        </Server>
    </AccessPoint>
  </IED>

  <DataTypeTemplates>
    <LNodeType>
          ⋮
    </LNodeType>
          ⋮
  </DataTypeTemplates>
```

Header 要素（5.2 節）

Substation 要素（5.3 節）

Communication 要素（5.4 節）

IED 要素（5.5 節）

DataTypeTemplates 要素（5.6 節）

図 5.8　サンプル変電所の SCD ファイル記述概要図

表 5.1 で示している各種装置の DataSet 名称は，Web 付録にて示すサンプル SCD ファイルにも記述している。

ここで，DataSet 名称は任意であるが，本サンプルにおいては，DataSet の用途を頭文字にて区別するように記載している（GOOSE 用：G，SMV 用：SV，Report 用：R）。また，プロセスバスに対する GOOSE のデータセットを「G_P」，プロセスバスに対する SMV のデータセットを「SV_P」と表現している。

なお，Proxy/Gateway の WAN 側 SCD ファイルの記述については割愛する。詳細は，IEC 61850-90-2 を参照いただきたい[4)]。

以降，図 5.6，図 5.7 に示したサンプル変電所のシステム構成に基づき，各種 SCL の要素の構造が理解できるように紹介する。サンプル変電所の SCD ファイル記載概要図を**図 5.8** に示す。

本章内にて記載しきれない部分については，4 章の記載または，Web 付録に記載のサンプル SCD ファイル（Edition2.1 に基づく）記述例（コメント付き）を提供するため，参照し理解を深めていただきたい。

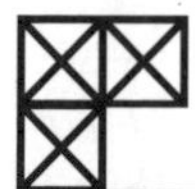

5.2 Header 要素の記述例

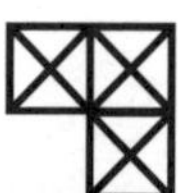

図 5.9 に XML 宣言と Header 要素の記述例を示す。Header 要素により，こ

```
<?xml version="1.0"?>
<SCL xmlns:xsi="http://www.w3.org/2001/XMLSchema-instance" xmlns="http://www.iec.ch/61850/2003/SCL"
version="2007" revision="B" release="3"
xsi:schemaLocation="http://www.iec.ch/61850/2003/SCL file:///C:/Data/SCLXSD/SCL.2007B4/SCL.xsd">

  <Header id="SCD Sample" toolID="manual input" version="1" revision="1">

    <Text> This SCD file is a sample for Sample S/S and is not complete as SCD <Text/>

   <History>

     <Hitem version="1" revision="1" when="2023/08/14/" who="Author"/>

   </History>

  </Header>
      ⋮
</SCL>
```

Text 要素
Hitem 要素
History 要素
Header 要素
SCL 要素

<SCL> 要素の中に，<Header> 要素などを記載。
<Header> 要素に続き，その他の <Substation>，<IED>，<Communication>，<DataTypeTemplate> 要素などを記載する。

図 5.9 XML 宣言と Header 要素の記述例

のファイルが何のSCLであるか，使用したツール，バージョンなどを表現する。Header要素内には，子要素としてText要素とHitem要素が含まれる。Text要素は，テキスト文書として補足説明を追記可能である。また，Hitem要素により，変更履歴管理が可能である。

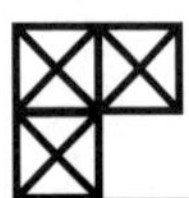

5.3　Substaion 要素の記述例

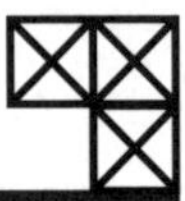

Substaion要素は変電所の仕様を記述する部位である。Substaion要素の全体記述例を**図5.10**に示す。Substaion要素の属性にて，変電所名，補足説明を表現することが可能である。

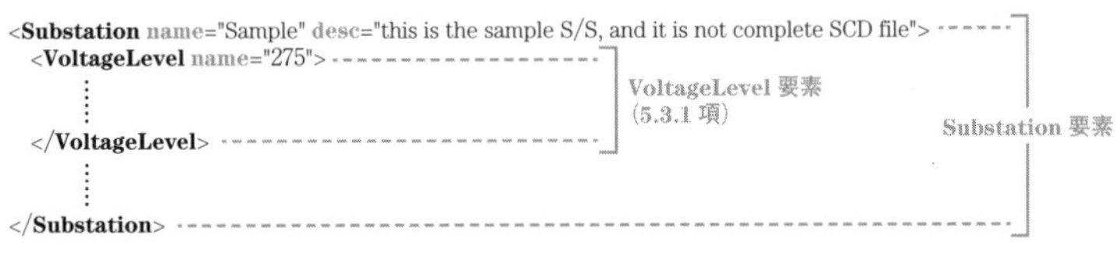

図5.10　Substation要素の記述例（概要）

このSubstaion要素内に，主回路の接続関係（単線結線図情報），IEDなどの各種装置の配置情報を，適切な子要素にて記述していく。子要素の記載順序は問わないため，必要な要素が記載されていればよい。子要素として記述可能な要素については，4.3節を参照のこと。

次項以降にSubstation要素の子要素として記載される，VoltageLevel要素，またはPowerTransformer要素を記載し，説明する。なお，主回路とは接続されない補機や所内用電源回路などを表現するための要素であるGeneralEquipment要素については，本ケーススタディには含んでいないため，記載を割愛している。

5.3.1　電圧階級（VoltageLevel 要素）の記述例

サンプル変電所における電圧階級は，275 kVおよび77 kVが該当し，VoltageLevel要素として記述される。VoltageLevel要素には，電圧情報を表現するVoltage要素，当該電圧階級に属する回線（Bay）が子要素のBay要素として記述される。VoltageLevel 要素の記述例を**図 5.11** に示す。なお，本サンプル変電所では，77 kV の電圧階級について，275 kV 電圧階級と取り扱う内容がほぼ同一であるため，説明を割愛する。

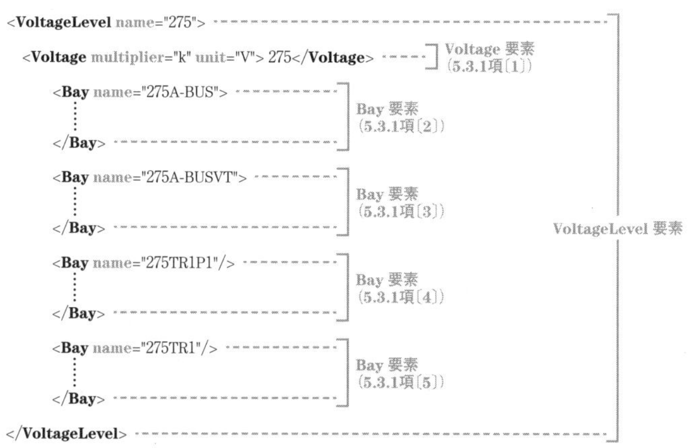

図5.11　VoltageLevel要素の記述例（概要）

〔1〕 電圧情報（Voltage 要素）の記述例

Voltage 要素には，電圧階級の情報が記載され，公称電圧値，SI 単位記号，乗数記号が表現される。Voltage 要素の記述例を**図 5.12** に示す。

```
<Voltage multiplier="k" unit="V"> 275 </Voltage>
```

図 5.12　Voltage 要素の記述例

本項〔2〕以降，各 Bay 要素における記載内容について解説する。

Bay 要素の子要素として，主回路接続可能点を示す ConnectivityNode 要素，機能配置を示す LNode 要素，主回路接続機器などを表現する Conducting-Equipment 要素が記述される。また，ConductingEquipment 要素の子要素として，主回路接続点を示す Terminal 要素により，主回路結線を表現している。

〔2〕 回線「275A-BUS」（Bay 要素）の記述例

サンプル変電所における回線「275A-BUS」を SCL 表現（Bay 要素）した記述例を**図 5.13** に示す。また，SCL 表現の観点から見た主回路構成イメー

<Bay name="275A-BUS">
<ConnectivityNode name="A1" pathname="Sample/275/275A-BUS/A1"/>
ConnectivityNode 要素
<ConnectivityNode name="A2" pathname="Sample/275/275A-BUS/A2"/>
ConnectivityNode 要素
</Bay>
Bay 要素

図 5.13　Bay 要素（275A-BUS）の記述例

ジ図を**図 5.14** に示す。回線として母線を表現する場合，当該回線（Bay 要素）には，機器を含めてはならない。母線として表現したい場合は，ConnectivityNode 要素のみを記述する。ConnectivityNode 要素の pathname の属性値は，四つのレベルの情報を“/”で区切り，以下のように記述する。

> 「変電所名称/電圧階級名称/ベイ名称/ConnectivityNode名称」

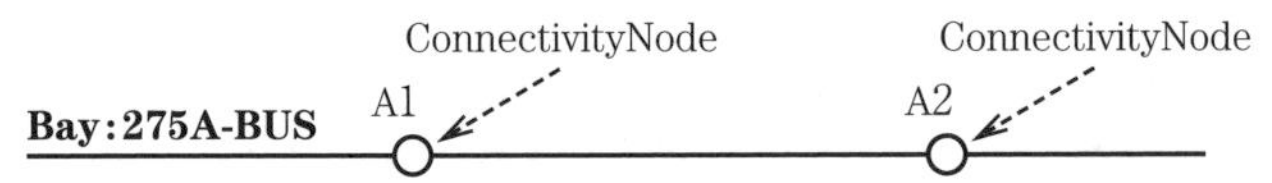
ConnectivityNode
ConnectivityNode
Bay:275A-BUS
A1
A2

図 5.14　Bay 要素（275A-BUS）SCL 表現としての主回路構成イメージ図

ここで，変電所名称は Substation 要素の name 属性値，電圧階級名称は VoltageLevel 要素の name 属性値，ベイ名称は Bay 要素の name 属性値，ConnectivityNode 名称は，ConnectivityNode 要素の name 属性値である。

〔3〕　回線「275A-BUSVT」（Bay 要素）の記述例

サンプル変電所における回線「275A-BUSVT」を SCL 表現（Bay 要素）した記述例を**図 5.15** に示す。また，SCL 表現の観点から見た主回路構成イメージ図を**図 5.16** に示す。

Terminal 要素により，主回路接続関係を記述するが，当該要素の各種属性（表 4.27 を参照）により接続点を表現する。

connectivity 属性は ConnectivityNode 要素の pathname 属性値，substation Name 属性は Substation 要素の name 属性値，voltageLevelName 属性は Voltatge 要素の name 属性値，bayName 属性は Bay 要素の name 属性値，cNode-Name 属性は ConnectivityNode 要素の name 属性値を記述する。

図 5.15　Bay 要素（275A-BUSVT）の記述例

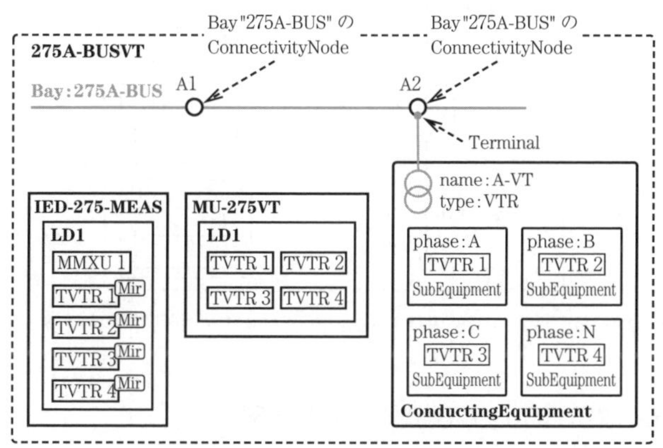

図 5.16　Bay 要素（275A-BUSVT）SCL 表現としての主回路構成イメージ図

〔4〕　回線「275TR1P1」（Bay 要素）の記述例

サンプル変電所における回線「275TR1P1」を SCL 表現（Bay 要素）した記述例を**図 5.17** に示す。また，SCL 表現の観点から見た，主回路構成イメージ図を**図 5.18** に示す。

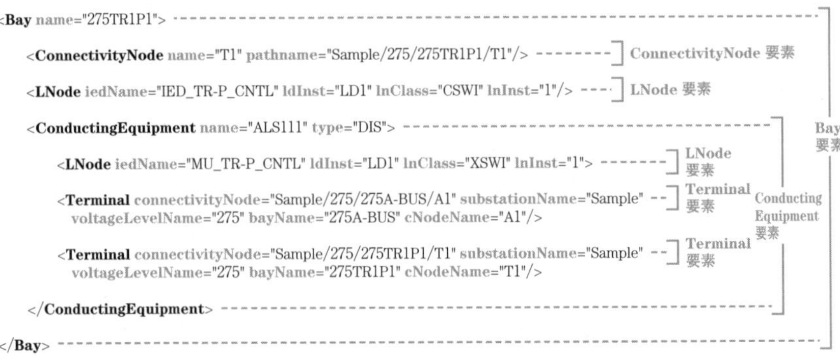

図 5.17　Bay 要素（275TR1P1）の記述例

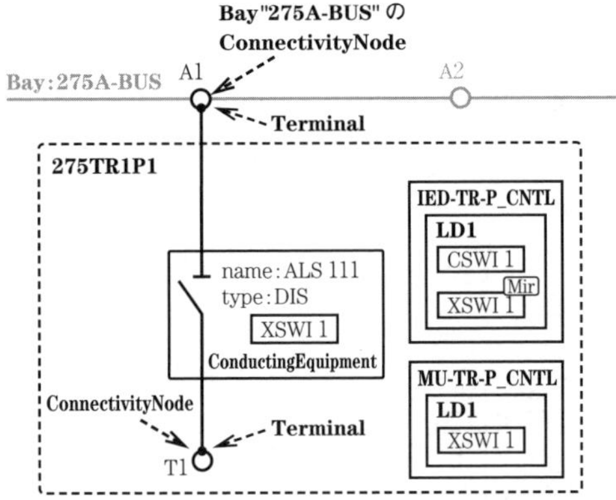

図 5.18　Bay 要素（275TR1P1）SCL 表現としての主回路構成イメージ図

〔5〕　回線「275TR1」（Bay 要素）の記述例

サンプル変電所における回線「275TR1」を SCL 表現（Bay 要素）した記述例を**図 5.19** に示す。また，SCL 表現の観点から見た，主回路構成イメージ図を**図 5.20** に示す。Bay 要素の属性は，表 4.11 を参照願いたい。

なお，変圧器 TR1 は，Bay「275TR1」の子要素として次項の PowerTransformer 要素で記述する。

```
<Bay name="275TR1"> ----------------------------------------------------------------- Bay 要素
    <ConnectivityNode name="T11" pathname="Sample/275/275TR1/T11"/> ---- ConnectivityNode 要素
    <ConnectivityNode name="T12" pathname="Sample/275/275TR1/T12"/> ---- ConnectivityNode 要素
    <ConnectivityNode name="T21" pathname="Sample/275/275TR1/T21"/> ---- ConnectivityNode 要素
    <ConnectivityNode name="T22" pathname="Sample/275/275TR1/T22"/> ---- ConnectivityNode 要素
    <ConnectivityNode name="T23" pathname="Sample/275/275TR1/T23"/> ---- ConnectivityNode 要素
    <LNode iedName="IED_TR-S_CNTL" ldInst="LD1" lnClass="CSWI" lnInst="1"> ---- LNode 要素
    <LNode iedName="IED_TR-S_CNTL" ldInst="LD1" lnClass="CSWI" lnInst="2"> ---- LNode 要素
    <ConductingEquipment name="CT 111" type="CTR"> ------------------------------ Conducting Equipment 要素
        <Terminal connectivityNode="Sample/275/275TR1P1/T1" substationName="Sample" --- Terminal 要素
          voltageLevelName="275" bayName="275TR1P1" cNodeName="T1"/>
        <Terminal connectivityNode="Sample/275/275TR1/T11" substationName="Sample" --- Terminal 要素
          voltageLevelName="275" bayName="275TR1" cNodeName="T11"/>
        <SubEquipment name="R" phase="A"> ------------------------------ SubEquipment 要素
            <LNode iedName="MU_275CT" ldInst="LD1" lnClass="TCTR" lnInst="1"/>
        </SubEquipment> ----------------------------------------------
        <SubEquipment name="S" phase="B"> ------------------------------ SubEquipment 要素
            <LNode iedName="MU_275CT" ldInst="LD1" lnClass="TCTR" lnInst="2"/>
        </SubEquipment> ----------------------------------------------
        <SubEquipment name="T" phase="C"> ------------------------------ SubEquipment 要素
            <LNode iedName="MU_275CT" ldInst="LD1" lnClass="TCTR" lnInst="3"/>
        </SubEquipment> ----------------------------------------------
        <SubEquipment name="I0" phase="N" virtual="true"> -------------- SubEquipment 要素
            <LNode iedName="MU_275CT" ldInst="LD1" lnClass="TCTR" lnInst="4"/>
        </SubEquipment> ----------------------------------------------
    </ConductingEquipment> ---------------------------------------------------
    <PowerTransformer name="TR1" type="PTR"> ------ PowerTransformer 要素
         :                                         （5.2.2 項）
    </PowerTransformer> ---------------------------
    <ConductingEquipment name="CB 111" type="CBR"> ------------------------------ Conducting Equipment 要素
        <LNode iedName="MU_TR-S_CNTL" ldInst="LD1" lnClass="XCBR" lnInst="1"> ---- LNode 要素
        <Terminal connectivityNode="Sample/275/275TR1/T11" substationName="Sample" --- Terminal 要素
          voltageLevelName="275" bayName="275TR1" cNodeName="T11"/>
        <Terminal connectivityNode="Sample/275/275TR1/T12" substationName="Sample" --- Terminal 要素
          voltageLevelName="275" bayName="275TR1" cNodeName="T12"/>
    </ConductingEquipment> ---------------------------------------------------
    <ConductingEquipment name="CB 211" type="CBR"> ------------------------------ Conducting Equipment 要素
        <LNode iedName="MU_TR-S_CNTL" ldInst="LD1" lnClass="XCBR" lnInst="2"> ---- LNode 要素
        <Terminal connectivityNode="Sample/275/275TR1/T21" substationName="Sample" --- Terminal 要素
          voltageLevelName="275" bayName="275TR1" cNodeName="T21"/>
        <Terminal connectivityNode="Sample/275/275TR1/T22" substationName="Sample" --- Terminal 要素
          voltageLevelName="275" bayName="275TR1" cNodeName="T22"/>
    </ConductingEquipment> ---------------------------------------------------
    <ConductingEquipment name="CT 211" type="CTR"> ------------------------------
        <Terminal connectivityNode="Sample/275/275TR1/T22" substationName="Sample" --- Terminal 要素
          voltageLevelName="275" bayName="275TR1" cNodeName="T22"/>
        <Terminal connectivityNode="Sample/275/275TR1/T23" substationName="Sample" --- Terminal 要素
          voltageLevelName="275" bayName="275TR1" cNodeName="T23"/>
                                                             Bay 要素（つづきへ）
```

図 5.19 Bay 要素（275TR1）の記述例

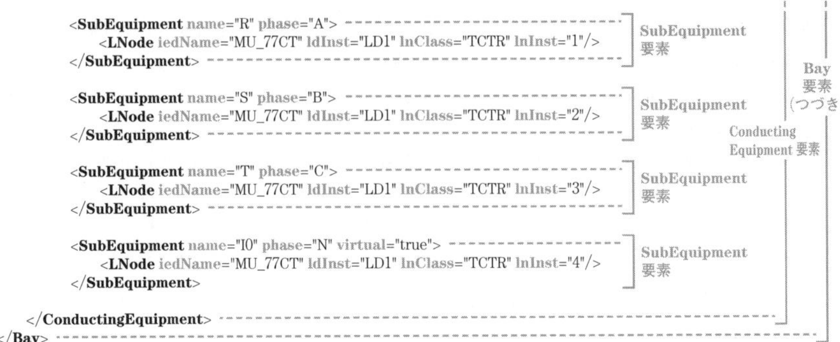

```
<SubEquipment name="R" phase="A">
    <LNode iedName="MU_77CT" ldInst="LD1" lnClass="TCTR" lnInst="1"/>
</SubEquipment>

<SubEquipment name="S" phase="B">
    <LNode iedName="MU_77CT" ldInst="LD1" lnClass="TCTR" lnInst="2"/>
</SubEquipment>

<SubEquipment name="T" phase="C">
    <LNode iedName="MU_77CT" ldInst="LD1" lnClass="TCTR" lnInst="3"/>
</SubEquipment>

<SubEquipment name="I0" phase="N" virtual="true">
    <LNode iedName="MU_77CT" ldInst="LD1" lnClass="TCTR" lnInst="4"/>
</SubEquipment>

  </ConductingEquipment>
</Bay>
```


図5.19　Bay 要素（275TR1）の記述例（つづき）

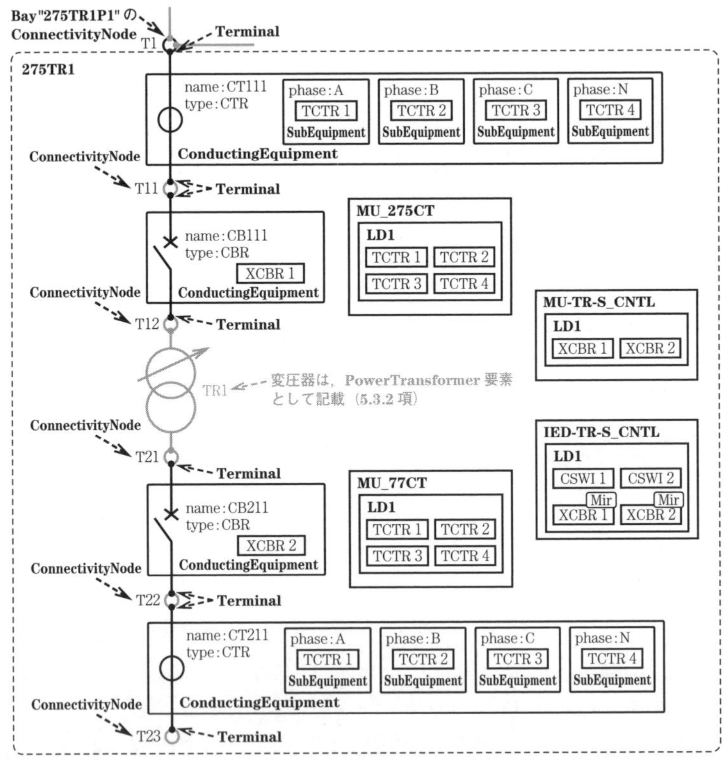

図5.20　Bay 要素（275TR1）SCL 表現としての主回路構成イメージ図

5.3.2　変圧器（PowerTransformer 要素）の記述例

PowerTransformer 要素には，電力用変圧器の情報を記述する。サンプル変電所における電力用変圧器は，TR1 が該当する。サンプルにおける PowerTransformer 要素の記述例を**図 5.21** に示す。また，図 5.18 と同様に，PowerTransformer 要素の主回路構成イメージ図を**図 5.22** に示す。PowerTransformer 要素の属性

図 5.21　PowerTransformer 要素の記述例

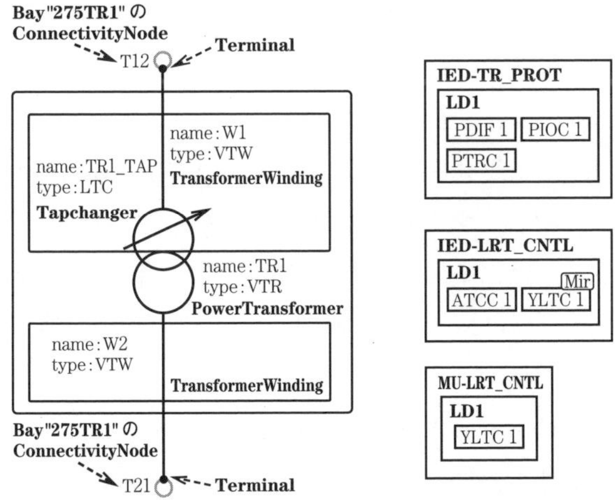

図 5.22　PowerTransformer 要素 SCL 表現としての主回路構成イメージ図

は，表 4.16 を参照願いたい。

変圧器の一次側，二次側などの巻線を表現する際には，PowerTransformer 要素の子要素である TransformerWinding 要素を用いる。図 5.21 では，一次巻線および二次巻線をそれぞれ TransformerWinding 要素の name 属性 “W1”，“W2” として表現している。

タップ切換器が存在する場合，PowerTransformer 要素内の TransformerWinding 要素内部に，Tapchanger 要素を含める必要がある。タップ切換器については，基本的に一次側巻線に存在するため，TransformerWinding 要素の name 属性 “W1” の子要素として記述する。

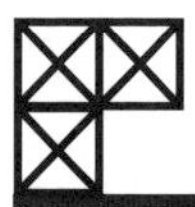

5.4　Communication 要素の記述例

サンプル変電所における Communication 要素の記述例を**図 5.23** に示す。Communication 要素にて，IED のサブネットワーク，アクセスポイント，IP アドレス，MAC アドレスをはじめとする通信設定が記述される。各 IED の CID または IID ファイルには，その IED の Communication 要素のみが記述される。システム全体を表現する SCD ファイルには，各 IED の IID ファイルの情報が合成され，保護監視制御システム全体の通信設定内容が記述される。

Communication 要素は，SubNetwork 要素を子要素として内包することが可能である。SubNetwork 要素には，サブネットワーク名称と，このサブネットワークにて適用されるプロトコルについて記述する。IEC 61850 において，同じサブネットワークに属する装置の IP アドレス体系は同じ体系定義でなければならない（同一のサブネットマスクが適用される体系）。すなわち，SCL の記述として，一つの SubNetwork 要素内において，異なる IP アドレス体系を持つ IP アドレスを記載することは不可であり，異なる IP アドレス体系を記述したい場合は，SubNetwork 要素を分ける必要がある。

Communication 要素内において，システムに適用されるすべてのサブネット（プロセスバス含む）を SubNetwork 要素にて表現し，各サブネットに接続

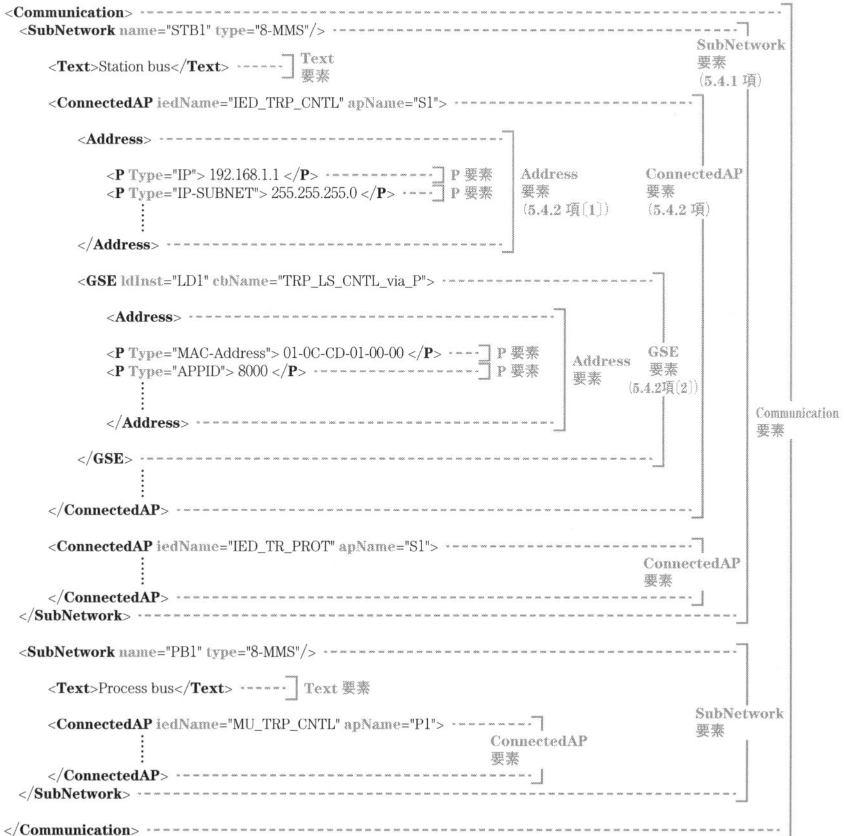

図 5.23　Communication 要素の記述例

される装置（変電所 SCADA や Proxy／Gateway など含む）を SubNetwork 要素内に ConnectedAP 要素として記述する。

本節以降，SubNetwork 要素における各子要素の記載内容について解説する。

5.4.1　SubNetwork 要素の記述例

SubNetwork 要素には，図 5.23 に示したとおり，子要素として，ConnectedAP 要素を記述することができる。また，SubNetwork 要素は tNaming タイプを継承するため，Text 要素も記述可能である。Text 要素にて，当該 SubNetwork 要素の用途などを記述することも可能であり，その記載内容は任意である。

SubNetwork 要素の name 属性にて当該サブネットワーク名称を指定し，type 属性にて当該サブネットワークに適用される通信プロトコルを指定する。desc 属性も記述が可能であり，当該サブネットワークに関する説明をテキストとして記述することも可能である。SubNetwork 要素の属性は，表 4.117 を参照願いたい。

5.4.2　ConnectedAP 要素の記述例

ConnectedAP 要素は，Address 要素，GSE 要素，SMV 要素，PhysConn 要素を子要素として有することができる。ConnectedAP 要素は IED 単位で記載される。サンプル変電所における ConnectedAP 要素の記述例（代表記載）を**図 5.24** に示す。

ConnectedAP 要素の属性は，表 4.119 を参照願いたい。SubNetwork 要素に

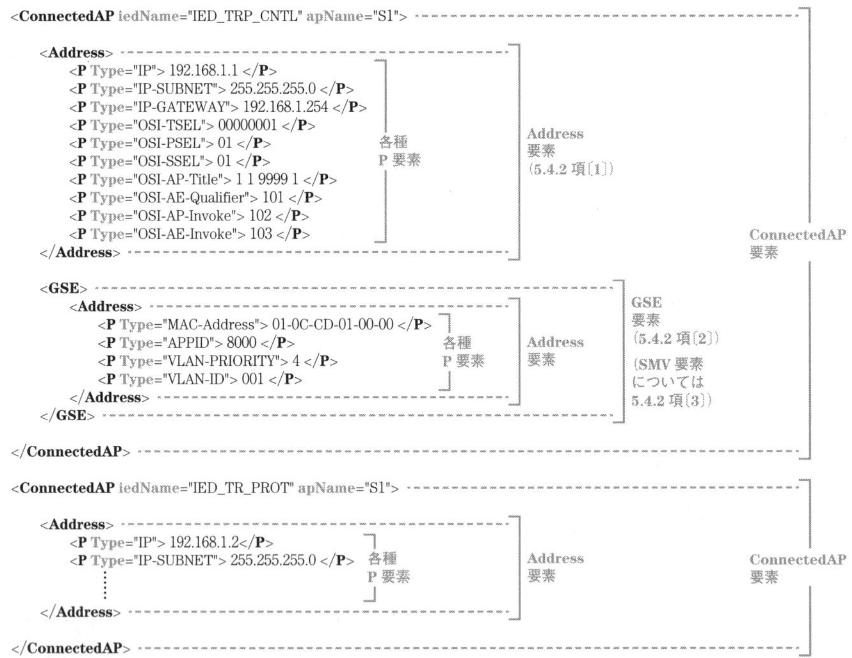

図 5.24　ConnectedAP 要素の記述例

内包される ConnectedAP 要素は，属性として“iedName”，“apName”，“redProt”を持つ。この iedName により，後述の IED 要素内の iedName とひもづけられる。また，apName により，当該 IED および MU が属するアクセスポイントがどの SubNetwork 要素に準ずるかについて表現する。図 5.23 では，ステーションバスとプロセスバスの SubNetwork 要素を分けており，ステーションバスに接続される IED の apName をそれぞれ S1 と表現している。一方で，プロセスバスに接続される IED および MU の apName は，P1 などで表現している。

redProt は，オプション要素であり，物理的に冗長化された通信ポートを表現し，L2SW の冗長化プロトコル（PRP や HSR など）を適用する場合に記述することが可能である。なお，本ケーススタディでは，割愛する。

〔1〕 Address 要素の記述例

Address 要素内には，P 要素が子要素として含まれる。P 要素は複数記述することができ，これら各 P 要素の type 属性の名称を変化させることで，IP アドレスやデフォルトゲートウェイなど，通信に必要な情報を区別し，P 要素の値を記述する。P 要素の type 属性の一覧は，4.5.7 項を参照のこと。Address 要素の記述例（代表記載）を**図 5.25** に示す。

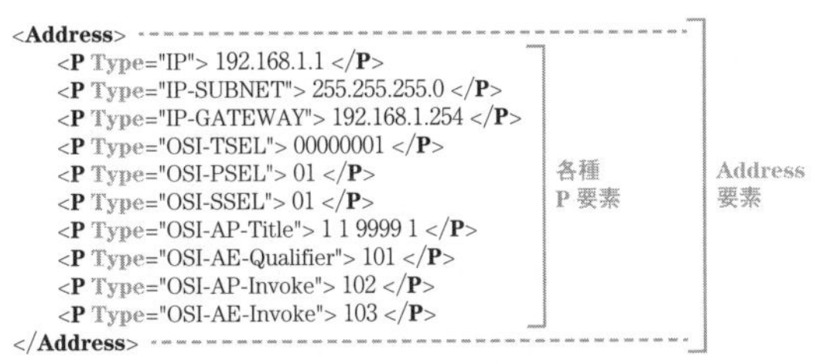

図 5.25　Address 要素の記述例

〔2〕 GSE 要素の記述例

GSE 要素は，GOOSE 通信の通信設定を表現する。GSE 要素の記述例（代表記載）を**図 5.26** に示す。

GSE 要素内には，Address 要素および MinTime 要素，MaxTime 要素を記述する。Address 要素の記述は，本項〔1〕と同様である。前項との差異は，

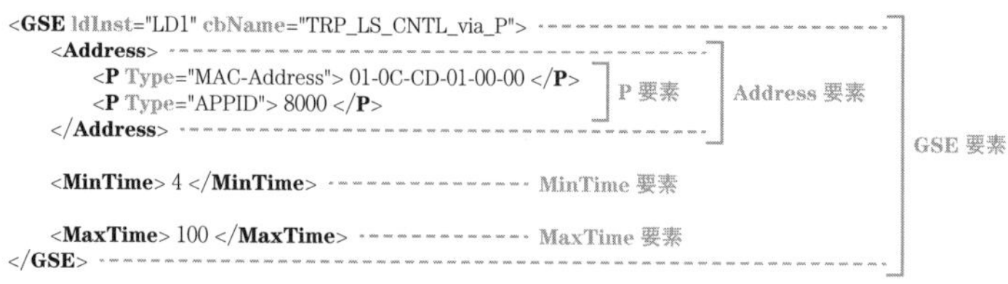

図 5.26　GSE 要素の記述例

GSE 要素内の P 要素として記載される内容が異なり，GOOSE 送信のための MAC アドレスなどの情報が記載される。GOOSE で使用できる MAC アドレスは IEC 61850-8-1 にて規定されるため，参照願いたい[5)]。VLANID などの情報も記載可能である。

図 5.26 に示した GSE 要素の属性として，“ldInst” と “cbName” が存在するが，これらはそれぞれ，当該 GSE が参照する論理デバイス名称および GoCB 名称を表現している。

また，GSE 要素内の MinTime 要素および MaxTime 要素は，オプションである。これら MinTime 要素および MaxTime 要素の値により，GOOSE 通信の監視を行うパラメータ TimeAllowedToLive が定まる。SCL として表現せずに，ソフト内部のハードコーディングにて実施している場合もある。

〔3〕 SMV 要素の記述例

SMV 要素は，SV 通信の通信設定を表現する。SMV 要素内には，Address 要素を記述する。Address 要素の記述は，本項〔1〕と同様である。SMV 要素の記述例（代表記載）を**図 5.27** に示す。SMV 要素の属性として，“ldInst” と “cbName” が存在するが，これらはそれぞれ，当該 SMV 要素が参照する

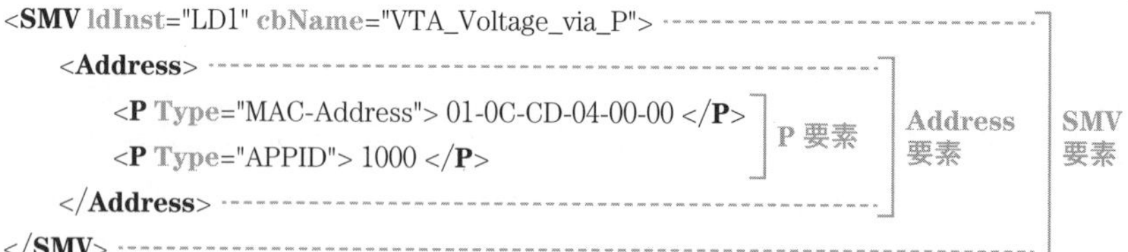

図 5.27　SMV 要素の記述例

論理デバイス名称および（M/U）SVCB 名称を表現している。SMV 要素は，おもに SV を利用するシステム内にて記載する。SV で使用できる MAC アドレスは IEC 61850-9-2 にて規定されるため，参照願いたい[6]。VLANID などの情報も記載可能である。

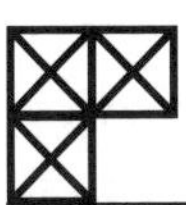
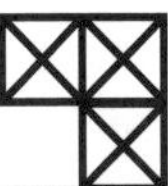

5.5　IED 要素の記述例

サンプルにおける IED 要素の記述例（代表記載）を**図 5.28** に示す。IED 要素には，Services 要素，AccessPoint 要素が子要素として記載される。Services 要素にて，各種 IED が提供可能な IEC 61850 通信サービスが記述される。AccessPoint 要素には，Report および GOOSE にて伝送される情報，IED が有する論理ノードなどの情報モデルが記述される。IED 要素の属性は，表 4.7 を参照すること。図 5.28 においては，name 属性のみを記述している。IED 要素の name 属性値と，前述した ConnectedAP 要素の iedName 属性値により，IED のアクセスポイントをひもづけする。本節では Services 要素，AccessPoint 要素の記述例を示す。

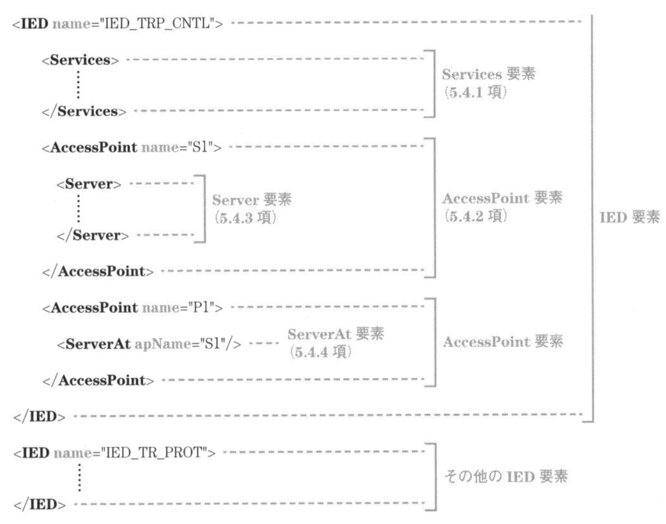

図 5.28　IED 要素の記述例

5.5.1 Services 要素の記述例

Services 要素は，IED が具備している IEC 61850 通信サービスに関する仕様について記述される。Services 要素の子要素については，表 4.42 を参照のこと。IED は，Server としてのみでなく，Client としても利用されるため，Services 要素の中には，Client としての機能を示す記述も存在する。

Services 要素に限らず，要素内の属性が記載されていないもの，要素自体が記載されていないものは，実装されていないことを示す。なお，明示的に属性および要素を記載したうえで，実装がないことと同義の属性値を記述することも可能である。

なお，IED 要素の子要素として記述される Services 要素は，IED レベルの IEC 61850 通信サービスを表現する。5.5.2 項にて後述する AccessPoint 要素内にも Services 要素を子要素として記述することが可能であるが，AccessPoint 要素内である場合，記述される特定のアクセスポイントにおいてのみ具備されるサービスを表現することとなる。サンプルにおける Services 要素の記述例（代表記載）を**図 5.29** に示す。

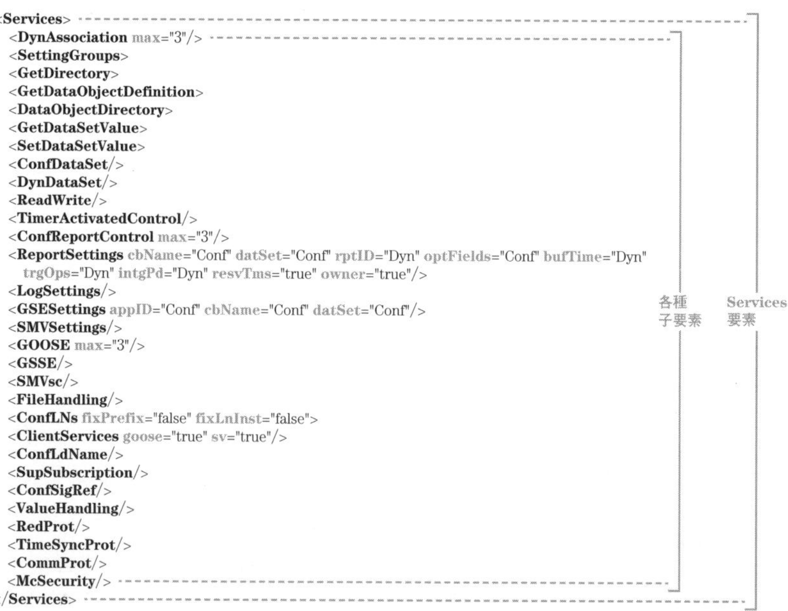

図 5.29　Services 要素の記述例

5.5.2 AccessPoint 要素の記述例

AccessPoint 要素内には，Server 要素，LN 要素，ServerAt 要素が子要素として記述される。一般的に，制御装置や保護装置に使用される IED にて使用するのは Server 要素である。AccessPoint 要素の記述例を**図 5.30** に示す。

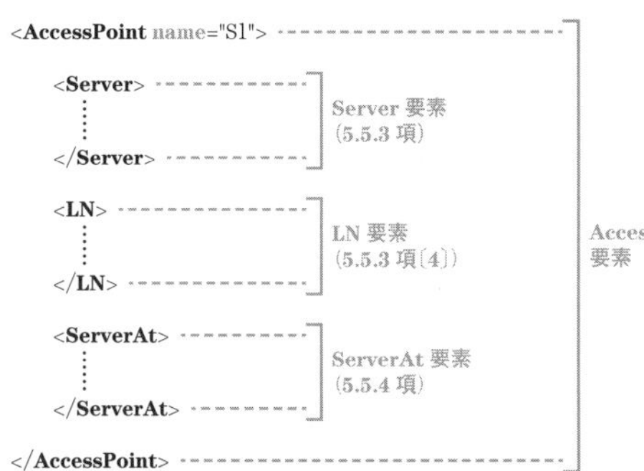

図 5.30 AccessPoint 要素の記述例

Server 要素は，IEC 61850 のサーバとしての情報が表現され，要素内の各子要素により，論理デバイス名称，DataSet の構成・名称，RCB，GoCB，SVCB，実装される論理ノード・データ属性，および初期値（設定値）が記述される。

AccessPoint 要素の直下に子要素として LN 要素も記述可能であるが，Proxy/Gateway や変電所 SCADA など，変電所構内側に Server 要素を持たない装置の場合に使用する。なお，LN 要素については，5.5.3 項〔4〕にて後述する。

ServerAt 要素は，同一の IED において，あるアクセスポイントで記述したサーバ情報（Server 要素）をほかのアクセスポイントとしても利用したい場合に，apName 属性により参照させるための要素である。利用例としては，一つの IED にステーションバスとプロセスバスなど複数のアクセスポイント（IP アドレス）が存在する場合である†。

name 属性により，当該アクセスポイント名称を表現する。また，router 属性，clock 属性についても記述可能であり，true/false により当該アクセスポイントの役割を記述することも可能である。機能の実装がない場合，記述不要であるが，記述する場合，router 属性，clock 属性を false としておく。規格と

† 本節での記載は割愛する。Web 付録のサンプル SCD に記述するため，参照願いたい。

して，デフォルトは false である。

5.5.3　Server 要素の記述例

Server 要素には，当該 IED の Report 設定（データセットや RCB 設定）や GOOSE 設定（データセットや GoCB 設定），具備される論理ノードが記述される。サンプルにおける Server 要素（代表記載）の記述例を**図 5.31** に示す。Server 要素の子要素および属性については，4.4.3 項を参照願いたい。

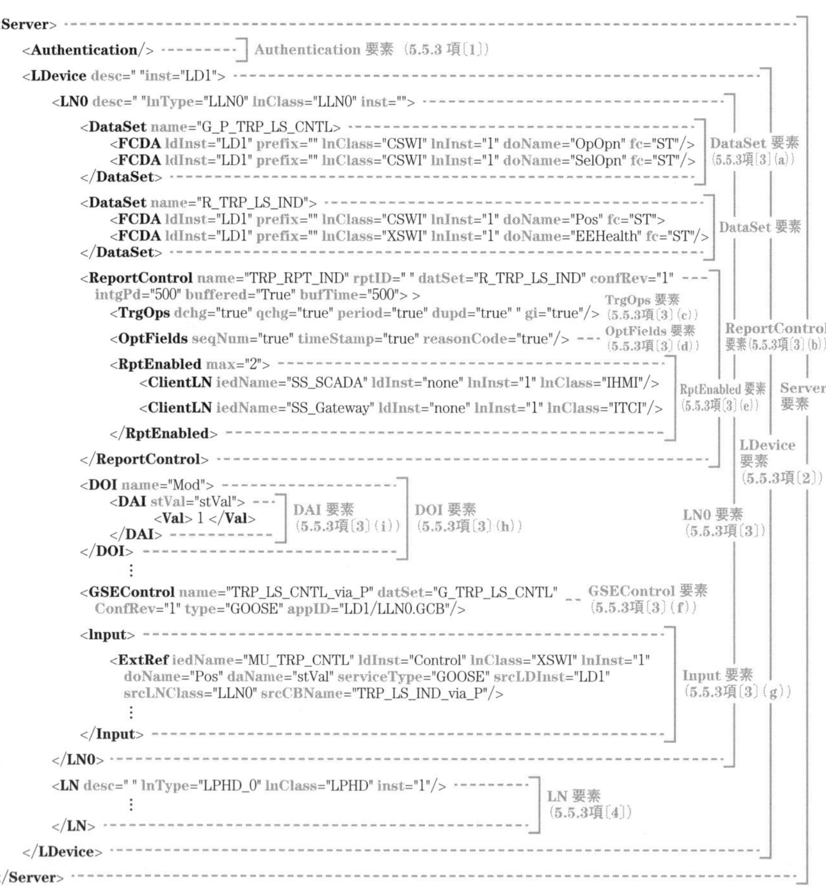

図 5.31　Server 要素の記述例

サンプルにおいて，Server 要素の子要素として，Authentication 要素，LDevice 要素を記述する。以降，Authentication 要素，LDevice 要素および LN0 要素について記述例を紹介する。

〔1〕 Authentication 要素の記述例

Authentication 要素は Server 要素の子要素として記述が必須となっている（図 4.7　IED 要素のクラス図に記載）。ただし，当該機能を実装していない場合には，当該要素の属性すべてを記述しない。なお，当該機能を実装しているが，利用しない場合は，オプション属性 none=True と記述する。図 5.31 の記述例 においては，前者の記述例を示した。

〔2〕 LDevice 要素の記述例

LDevice 要素は，IED 内の論理デバイスを表現する要素である。図 5.31 では，論理デバイス名称を "LD1" としている。IED の機能ごとに，論理デバイスを複数に分けることも可能であり，海外製 IED は，論理デバイスを複数用意していることが多い。

本サンプルにおいて，LDevice 要素の子要素として，後述する LN0 要素や LN 要素を内包する。

LDevice 要素内には，本サンプルには記載しないが，AccessControl 要素も内包することが可能である。AccessControl 要素では，当該 IED である Server と Client の論理ノードとのアソシエーションの確立方法，アソシエーション ID などが記述される。

〔3〕 LN0 要素の記述例

LN0 要素は，他装置との接続窓口となる通信設定情報が子要素として記載されるとともに，LN0 要素として，論理ノード「LLN0」がその役割を担う。なお，LN0 要素の lnClass 属性は LLN0，inst 属性は空白であることが規格で規定されている。

本サンプルにおいて，LN0 要素の子要素として，DataSet 要素，ReportControl 要素，DOI 要素，Input 要素，GSEControl 要素を記述する。

DataSet 要素には，GOOSE や SV，Report にて伝送する情報を表す DataSet

の内容が記述される。ReportControl 要素には，RCB の設定内容が記述される。DOI 要素には，LLN0 が有するデータオブジェクトとして DOI 要素およびデータ属性として DAI 要素の内容が記述される。GSEControl 要素には，GoCB の設定が記述される。Input 要素には，他装置から受信する GOOSE のビンディング情報が記述される。

以降より，図 5.31 にて登場する LN0 の各子要素について説明する。

（a） DataSet 要素

DataSet 要素について**図 5.32**（図 5.31 抜粋）に示す。DataSet 要素には，GOOSE，SMV，Report などの 61850 通信サービスにて伝送される情報群を表現する DataSet の内容が記述される。DataSet 要素内の FCDA 要素が伝送される情報を表現しており，論理ノードやデータオブジェクト，データ属性の情報が記載される。DataSet として格納する情報の粒度は，任意である。

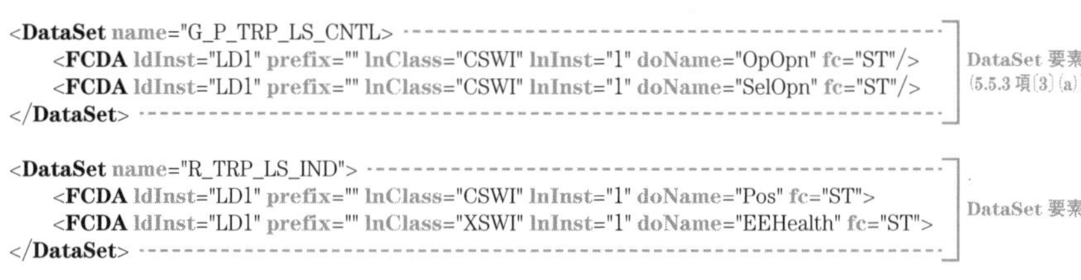

図 5.32　DataSet 要素の記述例

図 5.31 においては，“G_P_TRP_LS_CNTL” と “R_TRP_LS_IND” という名称にて，2 種類の DataSet 要素を定義しており，データオブジェクト単位で設定している。また，DataSet の名称は任意であるが，本サンプルにおいては，DataSet の用途を頭文字にて区別するように記載している（GOOSE 用：G，Report 用：R)。また，プロセスバスに対する GOOSE のデータセットを「G_P」，ステーションバスに対する GOOSE のデータセットを「G_S」と表現している。さらに，プロセスバスに対する SV のデータセットを「S_P」と表現している。

（b） ReportControl 要素

ReportControl 要素には，RCB の設定に関する情報（Report の ID，送信条件・周期，送信先設定など）が記載され，それらが，ReportControl 要素の属性情報や，子要素として内包される TrgOps 要素，OptField 要素，RptEnabled 要素として表現される。TrgOps 要素，OptField 要素，RptEnabled 要素については本項〔3〕（c）～（e）にて説明する。ReportControl 要素について**図 5.33** に示す。

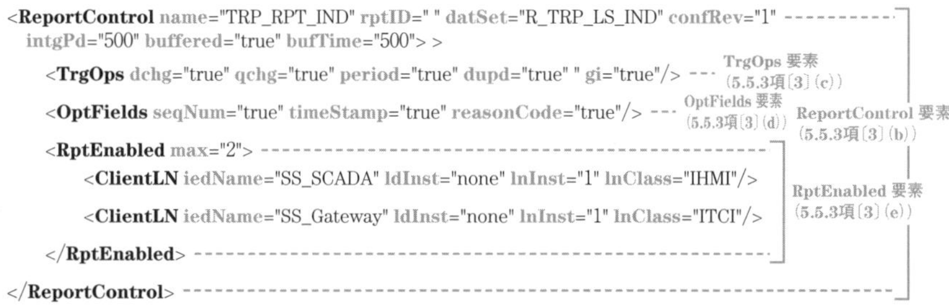

図 5.33　ReportControl 要素の記述例（図 5.31 抜粋）

図 5.33 では，RCB 名称が "TRP_RPT_IND"，rptID が空白，当該 RCB で使用する DataSet が "R_TRP_LS_IND"，buffered 機能を使用，定周期送信間隔およびバッファ時間を "500 ms" としている。

rptID が空白である理由については，設定を空白（null）としておくと，IED 名称を含んだオブジェクトリファレンスとして固有値を自動設定することができる（表 4.84 を参照）。rptID の設定方法については，システム単位で固有値を設定する運用，または SCADA などの Client からの書換え・付与をする運用の 2 通りが存在する。固有値とする場合，システム内で rptID が重複しないように配慮する必要があるが，rptID を空白とすることで，自動的に一意の固有値を決定することができ，システム内で重複が発生しない。そのため，rptID の運用方法をあらかじめ決定しておく必要がある。

（c） TrgOps 要素

TrgOps 要素は，Report 送信条件を表現する。図 5.33 では，dchg，qchg，dupd，period，gi を "true" としており，データの値変化，データのクオリティ値変化，データ更新，定周期送信，データ送信依頼（gi）が Report 送信の条件であることを示している。

(d) OptFields 要素

OptFields 要素は，Reportとしてどのような情報をオプションとして送信するかを表現する。図5.33では，seqNum，timeStamp，reasonCodeをTrueとしており，それぞれ，Reportの送信番号を示すシーケンス番号，Report送信時刻を示すタイムスタンプ，Report送信の起因を意味している。

(e) RptEnabled 要素

RptEnabled 要素は，RCBの最大インスタンス数を表現する。図5.32では，RptEnabled 要素のmax属性を“2”としており，これはRPT01という一つのRCBの設定を適用したReportを最大二つ使用（生成）できることを意味する。RptEnabled 要素を使用せずに，同じ内容のReportを送信したい場合は，同一のDataSetを使用した異なるRCBを作成する必要がある。

また，RptEnabled 要素の子要素として，ClientLN 要素を含めることができ，RptEnabled 要素のmax属性にて生成したReportの送信先を固定（定義）することができる。図5.33では，ClientLN 要素として二つ記載しており，それぞれ，ClientであるSS_SCADAとSS_GatewayにReportを送信することを意味している。図5.31に記載はないが，ClientLN 要素の属性として，apRefを使用することにより，アクセスポイントを指定することも可能である。なお，ClientLN 要素を使用すると，RCBの機能の一つである予約機能（Resv，ResvTm）が適用される（IEC 61850-7-2　Annex E[7]参照）。この予約機能が適用されると，指定したReportの送信先以外のClientからのアクセスを制限することが可能であり，各Client専用のReportとして使用することが可能である。

(f) GSEControl 要素

GSEContorl 要素は，送信するGOOSEを制御するGoCB設定を表現する。GSEContorl 要素について，**図5.34**に示す。図5.34では，GoCB名称が“TRP_LS_CNTL_via_P”，当該RCBで使用するDataSetが“G_TRP_LS_Control”，GOOSEのappIDが“LD1/LLN0.GCB”であることを表している。

```
<GSEControl name="TRP_LS_CNTL_via_P" datSet="G_TRP_LS_CNTL"
  ConfRev="1" type="GOOSE" appID="LD1/LLN0.GCB"/>
```

GSEControl 要素（5.5.3項〔3〕(f)）

図5.34　GSEControl 要素の記述例（図5.31抜粋）

また，GOOSE を送信する先を設定として記述可能であり，GSEControl 要素内に iedName 要素を子要素として含めることもできる。

(g)　Input 要素

Input 要素は，外部からの情報を IED 内部の変数に対応させるための要素である（**図5.35**（図5.31抜粋））。Input 要素内の ExtRef 要素により，外部由来のどの信号（GOOSE など外部から受信した情報）を IED の内部変数として使用するかを定義することもできる。市販されている IED において，Input 要素が適用されるか否かについては，メーカ依存であるため，トップダウンのシステム構築を実施する場合は，ユーザとしてどのように SCL として表現するか指定する必要がある。

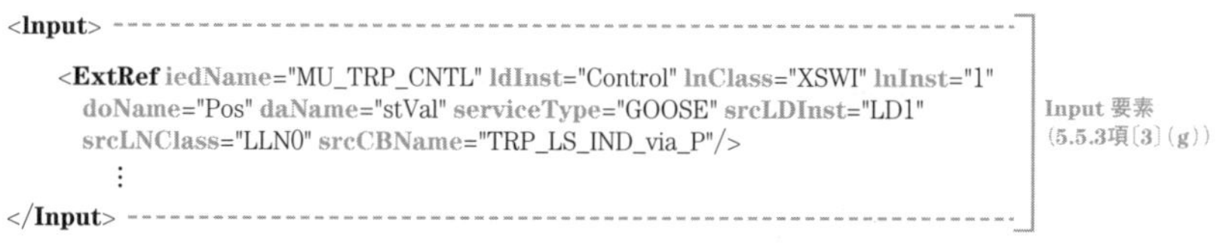

図5.35　Input 要素の記述例

(h)　DOI 要素

DOI 要素は，論理ノード内のデータオブジェクトを表現する。DOI 要素の name 属性にて，データオブジェクト名称を表現する。データ属性を表現する場合は，本項〔3〕(i) で示す DAI 要素が子要素として内包される。

ICD ファイルとして IED が具備する論理ノードがどのようなデータオブジェクト，データ属性で構成されるかについては，次節で説明する DataTypeTemplate 要素にて定義され，定義されたデータオブジェクトが DOI 要素として記載される。また，ICD ファイル内で記載される論理ノードと DataTypeTemplate 要素とのひもづけは，LN0 要素または LN 要素の lnType 属性にて実施される。この lnType 属性の値とその内容が DataTypeTemplate

図 5.36　DOI，DAI 要素の記述例

要素にて記述される（**図 5.36**（図 5.31 抜粋））。

（i） DAI 要素

DAI 要素は，データオブジェクト内のデータ属性を表現する。データ属性の値は，DAI 要素内の Val 要素にて定義される。この Val 要素の値は，初期値もしくはデフォルト値を意味する。

〔4〕 LN 要素の記述例

LN 要素は，IED が具備する論理ノードを表現する要素である。LN0 要素と同様であるが，LN0 要素とは異なり，DataSet 要素，ReportControl 要素や GSEControl 要素など外部との接続に関する情報を表現する要素を有さない。

5.5.4 ServerAt 要素の記述例

ServerAt 要素は，同一の IED 内に異なるアクセスポイントが存在し，一方のアクセスポイントで記述した Server 要素を他方のアクセスポイントにおいても流用したい際に使用する。利用イメージを**図 5.37** に示す。例えば，アクセ

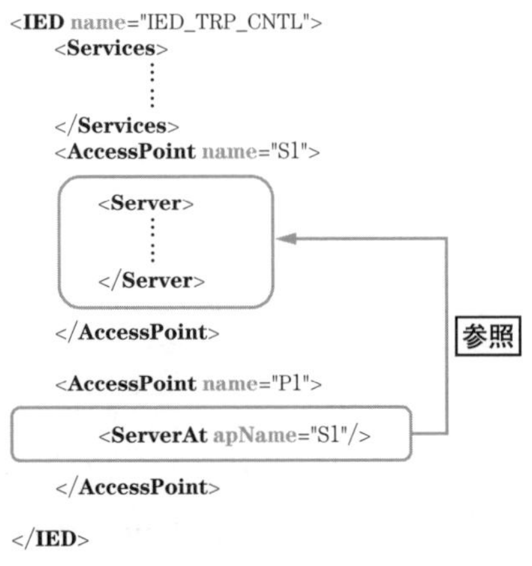

図 5.37　ServerAt 要素の利用イメージ

スポイント「S1」の Server 要素を，アクセスポイント「P1」においても利用したい場合，ServerAt 要素の apName 属性の属性値として，「S1」を記載する。

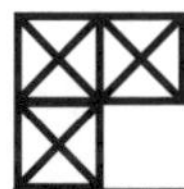

5.6 DataTypeTemplates 要素の記述例

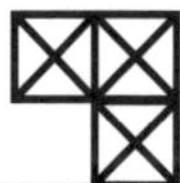

DataTypeTemplate 要素には，IED 単体，およびシステム全体で使用される論理ノード，データオブジェクト，**CDC**（common data class）のタイプ（型）の定義が記載される。**図 5.38** に DataTypeTemplates 要素の記述例を示す。

IEC 61850 では，論理ノードやデータオブジェクトなどの情報モデルを定義

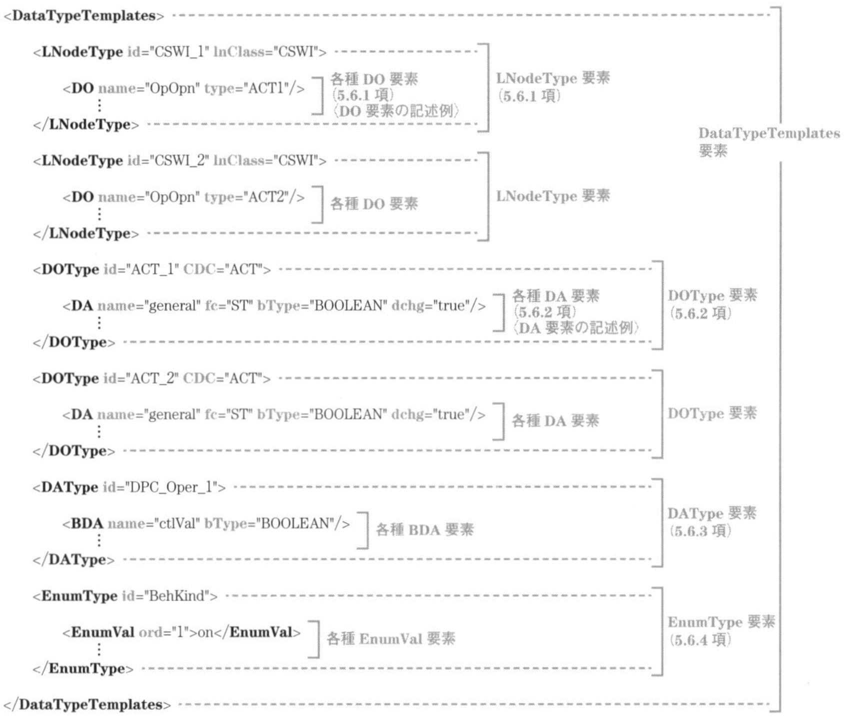

```
<DataTypeTemplates> ------------------------------------------------------┐
    <LNodeType id="CSWI_1" lnClass="CSWI"> ----------┐                     │
        <DO name="OpOpn" type="ACT1"/> ┐ 各種 DO 要素   │ LNodeType 要素       │
            ⋮                          │ (5.6.1 項)    │ (5.6.1 項)           │
                                       ┘ 〈DO 要素の記述例〉│                     │
    </LNodeType> ------------------------------------┘                     │
                                                                           │ DataTypeTemplates
    <LNodeType id="CSWI_2" lnClass="CSWI"> ----------┐                     │ 要素
        <DO name="OpOpn" type="ACT2"/> ] 各種 DO 要素  │ LNodeType 要素       │
            ⋮                                        │                     │
    </LNodeType> ------------------------------------┘                     │
    <DOType id="ACT_1" CDC="ACT"> -------------------------------┐         │
        <DA name="general" fc="ST" bType="BOOLEAN" dchg="true"/> ┐ 各種 DA 要素 │ DOType 要素 │
            ⋮                                            │ (5.6.2 項) │ (5.6.2 項) │
                                                         ┘ 〈DA 要素の記述例〉│       │
    </DOType> ---------------------------------------------------┘         │
    <DOType id="ACT_2" CDC="ACT"> -------------------------------┐         │
        <DA name="general" fc="ST" bType="BOOLEAN" dchg="true"/> ] 各種 DA 要素 │ DOType 要素 │
            ⋮                                                    │         │
    </DOType> ---------------------------------------------------┘         │
    <DAType id="DPC_Oper_1"> ------------------------------------┐         │
        <BDA name="ctlVal" bType="BOOLEAN"/> ] 各種 BDA 要素       │ DAType 要素 │
            ⋮                                                    │ (5.6.3 項) │
    </DAType> ---------------------------------------------------┘         │
    <EnumType id="BehKind"> -------------------------------------┐         │
        <EnumVal ord="1">on</EnumVal> ] 各種 EnumVal 要素          │ EnumType 要素 │
            ⋮                                                    │ (5.6.4 項) │
    </EnumType> -------------------------------------------------┘         │
</DataTypeTemplates> -----------------------------------------------------┘
```

図 5.38　DataTypeTemplates 要素の記述例

しているが，オプション要素も複数ある。そのため，上記情報モデルの実装内容や構造については，製品依存・システム依存であるため，同一の論理ノードであっても，論理ノード内部のデータオブジェクト構成（型）が異なる場合が多い。また，データオブジェクト内のデータ属性の構成（型）においても同様に製品依存・システム依存である。このような各種論理ノードなどの情報モデルが，構築するシステム内でどのような構造をしているかをタイプとして定義する要素が DataTypeTemplates 要素である。

5.6.1　LNodeType 要素の記述例

LNodeType 要素は，SCD ファイルや ICD ファイル内で使用される論理ノードの構造を表現する要素である。サンプル SCD ファイルに記載はないが，DataTypeTemplates 要素の使用方法が理解しやすいように，論理ノードの型が異なる一例を**図 5.39** に示す。

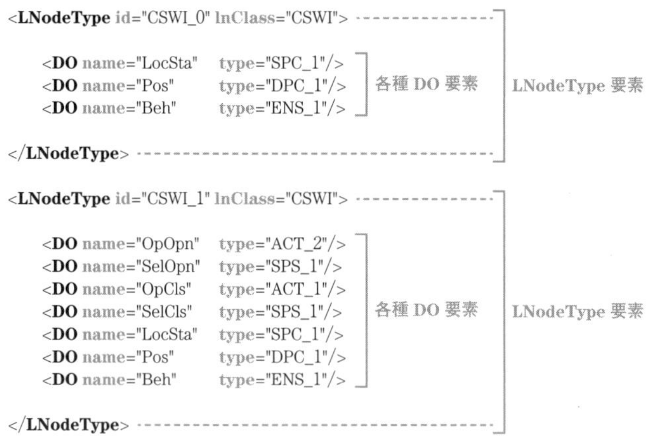

図 5.39　LNodeType 要素の記述例

LNodeType 要素は，各論理ノードの型ごとに記述され，図 5.39 は，論理ノード “CSWI” についての記述である。図 5.39 では，LNodeType として，異なる構造を持った CSWI を表現しており，論理ノードクラス “CSWI” において，“CSWI_1”

および“CSWI_2”という異なる型を持つことを意味している。ここで，型の区別を LNodeType 要素の id 属性にて表現している。また，各 LNodeType 要素に対応する各 DO 要素が子要素として記述される（本項：DO 要素の記述例　にて説明）。

CSWI_1 の型では，DO 要素（データオブジェクト）として“LocSta”，“Pos”，“Beh”の三つを有する。一方で，CSWI_2 の型では，“OpOpn”，“SelOpn”，“OpCls”，“SelCls”，“LocSta”，“Pos”，“Beh”の七つを有する。以上のように，同じ CSWI という論理ノードであっても，異なるデータオブジェクトを有するため，論理ノードの構成の違いを区別する目的で，LNodeType 要素により各構成の差異を表現するのである。また，LNodeType 要素の id 属性の値が，5.5.3 項〔3〕および〔4〕にて示した LN0 要素および LN 要素における，lnType 属性の値とひもづくことにより，各種 Server 要素にて登場する論理ノードがどのような構成であるかを一意に定めている。

＜**DO 要素の記述例**＞

DO 要素は，データオブジェクトを表現する要素である。各種 DO 要素の name 属性によりデータオブジェクト名称を表現し，type 属性によりそのデータオブジェクトの型を表現する。データオブジェクトの型は，DOType 要素により表現される（次項にて説明）。論理ノードが取りうるデータオブジェクトの構造については，IEC 61850-7-4 を参照願いたい。

5.6.2　DOType 要素の記述例

DOType 要素は，SCD ファイルや ICD ファイル内で使用されるデータオブジェクトの構造を表現し，どのようなデータ属性にて構成されているかを示す。DOType 要素の一例を**図 5.40** に示す。

DOType 要素は，各データオブジェクトの型ごとに記述され，図 5.40 は，データオブジェクトの型である CDC“ACT”についての記述である。また，DOType として，異なる構造を持った ACT を表現しており，CDC“ACT”において，“ACT_1”および“ACT_2”という異なる型を持つことを意味している。

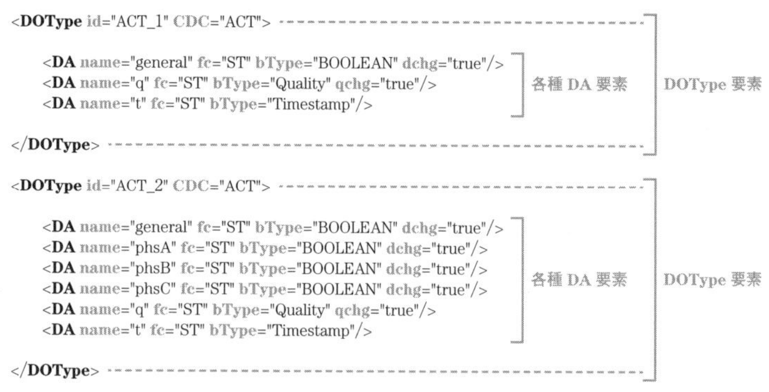

図 5.40　DOType 要素の記述例

ここで，型の区別を LNodeType 要素と同様に DO 要素の id 属性にて表現している。また，各 DOType 要素に対応する各種 DA 要素が子要素として記述される（本項：DA 要素の記述例　にて説明)。

< DA 要素の記述例 >

DA 要素は，データ属性を表現する要素である。図 5.40 における各種 DA 要素の属性としては "name"，"fc"，"bType"，"dchg" もしくは "qchg" の属性が存在する。データオブジェクトがとりうるデータ属性の構造については，IEC 61850-7-3 を参照のこと。

name 属性によりデータ属性名称を表現する。fc 属性は，データ属性の機能としての型を表現する（FC については，IEC 61850-7-2 もしくは前著[8]を参照のこと)。bType 属性は，データ属性のデータ型を表現する。例えば，bType 属性が "BOOLEAN" の場合，データが取りうる値が True もしくは false の 2 値であることを示す。また，データ属性として構造体として定義されるデータ属性である場合，そのデータ構造を定義するため，DAType 要素により表現される（次項にて説明)。

5.6.3　DAType 要素の記述例

DAType 要素は，SCD ファイルや ICD ファイル内で使用されるデータ属性の

```
<DAType id="DPC_Oper_1">

    <BDA name="ctlVal"     bType="BOOLEAN"/>
    <BDA name="operTm"     bType="Timestamp"/>
    <BDA name="origin"     bType="Struct" bType="Originator"/>
    <BDA name="ctlNum"     bType="INT8U"/>
    <BDA name="T"          bType="Timestamp"/>
    <BDA name="Test"       bType="BOOLEAN"/>
    <BDA name="Check"      bType="Check"/>

</DAType>
```

図 5.41 DAType 要素の記述例

うち，構造体を有するデータ属性の構造定義を表現する。DAType 要素の一例を**図 5.41** に示す。

DAType 要素は，構造体を有する各データ属性の型ごとに記述され，図 5.41 は，“DPC_Oper_1” という名称の型を id 属性にて表現している。DAType 要素に対応する各種データを表現する BDA 要素が子要素として記述される（本項：BDA 要素の記述例　にて説明）。

＜ BDA 要素の記述例＞

BDA 要素は，構造体を有するデータ属性の構成を表現する要素である。図 5.41 における各種 BDA 要素の属性としては，“ctlVal”，“operTm”，“origin”，“ctlNum”，“T”，“Test”，“Check” が存在する。これらのデータは Control サービスの Oper のパラメータである。Control サービスについては，IEC 61850-7-2 を参照のこと。

5.6.4 EnumType 要素の記述例

EnumType 要素は，列挙型データの構造を表現する要素であり，CDC が “ENS” もしくは “ENC” の型を持つデータを表現する。EnumType 要素の一例を**図 5.42** に示す。

EnumType 要素は，列挙型ごとに記述される。図 5.42 は，“BehKind” という名称の型であることを id 属性にて表現している。EnumType 要素内の EnumVal 要素にて，列挙型のデータがとりうる値が表現される（本項：EnumVal 要素の記述例　にて説明）。

図 5.42　EnumType 要素の記述例

＜ EnumVal 要素の記述例＞

EnumVal 要素は，列挙型データが取りうる値およびその値が持つ意味を定義する。図 5.42 における各種 EnumVal 要素の属性値として，“1” が “on”，“2” が “on-blocked”，“3” が “test”，“4” が “test-blocked”，“5” が “off” を意味することを定義している。

以上のように，DataTypeTemplates 要素により，SCD ファイル内にて使用させる論理ノードやデータオブジェクト，データ属性の構造・定義，列挙型データの構造・定義を表現する。

引用・参考文献

1）IEC 61850-6:2009/AMD1:2018　Amendment 1 - Communication networks and systems for power utility automation – Part 6: Configuration description language for communication in power utility automation systems related to IEDs（2018）

2）IEC TR 61850-7-500 Edition 1.0 - Communication networks and systems for power utility automation – Part 7-500:Basic information and communication structure – Use of logical nodes for modeling application functions and related concepts and guidelines for substations（2017）

3）IEC 61850-7-1 Edition 2.1 - Communication networks and systems for power utility automation – Part 7-1:Basic information and communication structure –Principles and models（2020）

4）IEC TR 61850-90-2 Edition 1.0 - Communication networks and systems for power utility automation – Part 90-2:Using IEC 61850 for communication between substations and control centres（2016）（※ 80-6 に規格番号を変更予定）

5) IEC 61850-8-1 Edition 2.1 - Communication networks and systems for power utility automation – Part 8-1:Specific communication service mapping (SCSM) – Mappings to MMS (ISO 9506-1 and ISO 9506-2) and to ISO / IEC 8802-3（2020）

6) IEC 61850-9-2 Edition 2.0 - Communication networks and systems for power utility automation – Part 9-2:Specific communication service mapping (SCSM) – Sampled values over ISO / IEC 8802-3（2011）

7) IEC 61850-7-2 Edition 2.1 - Communication networks and systems for power utility automation – Part 7-2:Basic information and communication structure – Abstract communication service interface (ACSI)（2020）

8) 天雨　徹（編著），田中立二，大谷哲夫（共著）：IEC 61850 を適用した電力ネットワーク－スマートグリッドを支える変電所自動化システム－，コロナ社，(2020)

付録 A

XML について

本付録では，IEC 61850 のシステム構成記述言語（SCL）のベースとなる“拡張可能なマークアップ言語（XML）”の概要について述べる。

XML を理解することは，SCL を理解することに直結する。本章にて後述する XML としての記述方法，XML スキーマ（XSD）を理解することで，SCL の理解が進む。また，XML は，IEC 61850 だけでなくさまざまなコンピュータシステムに適用されている，または適用可能であるため，XML を理解することは有益である。

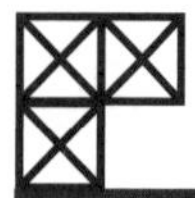

A.1 XML による構造表現

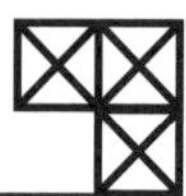

A.1.1 XML の概要

XML は，記述のための構文を共通とすることで，任意の用途向けの言語への拡張が容易となる特徴を持つマークアップ言語の一つである。ここで，マークアップ言語とは，テキストファイル内のデータ中に特定の記法または記号を用いて付加情報を埋め込むためのものである。一般に，テキストデータ中に特定の記号等で囲まれたタグ（tag）と呼ばれる表記を用いて構造を記述するものが多いが，バイナリデータ中に埋め込むものも存在する。XML は，前者形式のマークアップ言語である。

XML の仕様は，**W3C**（World Wide Web Consortium）により策定・勧告されており，XML 1.0 と XML 1.1 の二つのバージョンが存在する[1),2)]。国内においては，JIS X 4159 として JIS 規格化されている[3)]。

A.1.2 特　　　徴

W3C が作成する「XML in 10 points」において，XML は，10 個の特徴を有すると解説している[4]。これを参考に，XML の特徴（抜粋）を以下に示す。

● **テキスト記述**

XML は，「タグ（≒要素）」と「属性」によりデータを記述するための文法のようなものである。これに沿って記述されたデータを“XML 文書”と呼ぶ。XML 文書はテキストデータとして記述されるため，XML 文書の解釈に CPU やハード固有の特別な機能などを必要としない。

● **データ構造化表現**

スプレッドシート，名簿，構成パラメータ，金融取引，技術図面などが構造化データとして使用されることがある。XML は，これらのデータをテキスト形式として構造化可能（入れ子構造も可能）であり，構造化設計のための一連のルールとしてとらえることもできる。XML を使用すると，コンピュータでデータの生成，データの読取り，およびデータ構造の明確化が容易となる。

● **モジュール化**

名前空間（namespace）というメカニズムにより，ほかの複数 XML 文書を組み合わせて，統合することができる。ほかの XML 文書との結合や共有をすることで，要素名などの重複による衝突が発生することが考えられる。ここで，この衝突を回避するための機能として名前空間が適用され，モジュール性を確保している。

● **関連仕様・技術**

XML に関連する仕様・技術が集まってファミリーが形成され，XML の能力を向上させている。XML 文書を解析する XML パーサ，XML 文書間のハイパーリンクを追加する XLink，ほかの XML 文書の一部を参照する XPointer や XPath，XML 文書をほかのデータ形式に変換するスクリプトである XSLT，XML ベースの二次元画像描画を行う SVG など，多岐にわたる関連仕様・技術が存在する。

- **ライセンスフリー**

　XML は，仕様がオープンであり，ライセンスフリーである。

A.1.3　XML の構文（記述方法）

XML 文書は，XML 宣言と，**要素**（element）および**属性**（attribute）を記述する XML インスタンスのおもに 2 部により構成される。

第 1 部の XML 宣言は，XML のバージョンや，当該 XML 文書の文字符号化方式を記述する部分である。一例を**コード 1** に示す。

コード 1

```
<?xml version = "1.0"   encoding = "UTF-8"?>
```

“<?”，および “?>” タグにより XML 宣言であることを表現する。“xml version” は，XML のバージョンを表現し，“encoding” は，文字符号化方式を表現する。上記の例では，XML のバージョンは，「1.0」であり，文字符号化方式は，「UTF-8」であることを意味する。

A.1.4　XML インスタンス

XML 文書の第 2 部である **XML インスタンス**とは，XML 文書の本体であり，複数の要素と属性により構成される。これらにより，構造化されたデータを表現することが可能となる。

要素は，自身の内部に子要素（複数可）を含めることができる（入れ子構造が可能である）。属性は，要素に付随するもの（複数可）であるため，属性の内部には子要素を含むことができない。また，一つの要素内に同一名称の属性は，使用できない。

以降，要素，属性について基本的な記載方法・例について説明する。

A.1.5　タ　　　グ

タグとは，“<” と “>” で囲まれた，文書の意味を指定（マークアップ）するための識別子である。タグには，表現したい要素の名称（要素名）を任意に付与することができる。

タグの基本的な命名規則として以下の事項が定められている。

- 最初の 1 文字目は，「文字」または「_」にする必要がある。
- タグ名の途中で「空白」を入れることはできない。

XML では，**コード 2** のとおり，開始タグと終了タグをペアで使用する。

開始タグとは，“< 要素名 >” と指定し，終了タグは，“</要素名 >” と指定する。

コード 2

```
< 要素名 > 内容 </要素名 >
└──────────┬──────────┘
          要素
```

ここで，開始タグと終了タグの間に記述される “ 内容 ” が要素の内容（例えば，要素として表現したい対象のデータの値）を表す。開始タグから終了タグをまとめて要素と呼ぶ。

国を例とした，具体的な記述例を**コード 3** に示す。

コード 3

```
<country> Japan </country>
```

上記の例では，“country” 要素の内容（値）として，“Japan” を有する。すなわち，“Japan” が “country” であることを意味付けしていることとなる。

A.1.6　親要素・子要素

XML 文書において，要素は，以下のようにほかの要素を含むことができる。以下の例では，“要素名 1” の中に “要素名 2” が含まれ，“要素名 2” の中に “要素名3”が存在する階層構造を表現している。ここで，“要素名1”が“要素名2”の**親要素**であり，“要素名2”は，“要素名1”の**子要素**となる。“要素名2”と“要素名3”の関係についても同様である。

コード4にもあるように，親要素と子要素により，階層構造を構築する場合，“内容”を記載できるのは，最下層の要素（要素名3）のみである。また，子要素の開始タグと終了タグは，親要素の開始タグと終了タグ内に存在していなければならない。

コード4

```
<要素名1>
    <要素名2>
        <要素名3>内容</要素名3>
    </要素名2>
</要素名1>
```

都道府県を例とした具体例を**コード5**に示す。

コード5

```
<Japan>
    <prefecture>
        <name>Tokyo</name>
        <size_km2>2194</size_km2>
    </prefecture>
    <prefecture>
        <name>Aichi</name>
        <size_km2>5173</size_km2>
    </prefecture>
</Japan>
```

A.1.7 ルート要素

XML文書において，XML文書内のすべての要素の親となる**ルート要素**が必要となる。ルート要素は，XML 宣言直後に配置され，XML 文書は，ルート要素の開始タグから始まり，ルート要素の終了タグにより終わる構図としなければならない。

A.1.8　空　タ　グ

空タグとは，要素の内容が存在せず，タグのみで完結している要素を指す。XML 文書における表記方法として，**コード 6**，**コード 7** の 2 通りが存在する。2 通りとも同義である。

コード 6

```
<要素名></要素名>
```

コード 7

```
<要素名/>
```

A.1.9　属　　性

要素のタグには，“要素名”以外に要素に対する属性を指定することができる。属性を簡単に解釈するならば，タグ（要素）に付随する追加情報のようなものである。指定できる属性の数量に制限はない。記述例としては**コード 8** のとおりである。

コード 8

```
<要素名 属性名 1=”値 1” 属性名 2=”値 2”> 内容 </要素名>
```

属性を使用する際に注意するべき点は，属性で表現しようとしている情報（データ）が，属性である必要があるか否かである。要素として表現したほうが適切なものを属性として表現すると，文書の保守性を複雑にしてしまうおそれがある。単一で完結している情報（データ）は，属性として表現し，分解できる情報は，子要素などにて表現することが推奨される。

国，都道府県を例とした具体例を**コード9**に示す。

コード9

```
<country name="Japan">
    <prefecture>
        <name>Tokyo</name>
        <size_km2>2194</size_km2>
    </prefecture>
    <prefecture>
        <name>Aichi</name>
        <size_km2>5173</size_km2>
    </prefecture>
</country>
```

A.1.10　名　前　空　間

XMLは，複数のXML文書との結合やデータの共有が可能である。しかし，ほかのXML文書との結合や共有をすることで，要素名などの重複による衝突が発生することが考えられる。ここで，この衝突を回避するための機能として「名前空間」が適用される。

A.1.11　要素の名前空間

要素の名前空間の宣言は，**コード10**のとおり，要素の開始タグ内の属性として定義する。

コード10

```
<接頭辞1:要素名 xmlns:接頭辞1="名前空間識別子">内容</要素名>
```

“xmlns:接頭辞”属性により名前空間を定義し，その属性値である“名前空間識別子”に，URI（uniform resource identifier）を指定する。URIは，世界で一意となるように指定する必要があるため，「http://～」で始まるURIがよく用いられる。このURIは，論理的な名前空間を表すものであるため，URIとして実在する必要はない。この“接頭辞1”には，名前空間を表す任意の文字列を指定する。“接頭辞1: 要素名”により，当該要素が接頭辞の名前空間に属すること（名前空間が有効となること）を表現する。

A.1.12　属性の名前空間

属性の名前空間の宣言は，**コード11**のとおり，要素と同様，開始タグ内の属性として定義する。

コード11

```
<接頭辞1: 要素名1 xmlns: 接頭辞1=" 名前空間識別子1">
  <接頭辞1: 要素名2 接頭辞1: 属性名1=" 値1"> 内容 </要素名2>
</接頭辞1: 要素名1>
```

上記例において，属性に，“接頭辞1: ”を付すことにより“属性名1”が，接頭辞1の名前空間に属すること（名前空間が有効となること）を表現する。

属性に接頭辞を付さない場合，当該属性名はどの名前空間にも属さないこととなる。

A.1.13　デフォルトの名前空間

デフォルトの名前空間とは，名前空間接頭辞を使用しない名前空間宣言のことである。名前空間の有効範囲は，デフォルトの名前空間が宣言された要素のみであり，属性はデフォルトの名前空間に属さない。デフォルトの名前空間を使用するメリットは，要素名の前に接頭辞を付す必要がなく，記述がシンプルになることである。

記述例は**コード12**のとおりである。

コード12

```
<要素名 xmlns:接頭辞="名前空間識別子">内容</要素名>
```

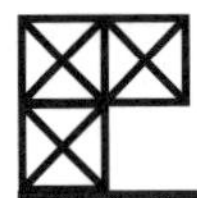

A.2　XMLスキーマ

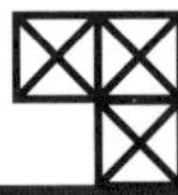

XMLは，任意にマークアップが可能であり，拡張性に優れているため自由度が高い。その反面，XML文書の構造（使用する要素や属性の名称や出現数，出現箇所など）は，一意に定まらず，複数種類存在する恐れがある。同一の内容を表現していたとしても，異なるXML文書構造である場合，XML文書を受け取る側のシステムとしては，複数のプログラムを用意する必要が生じたり，異なるXML文書構造を統一した構造へ変換するためのプログラムを用意する必要が生じたりするなど，開発コストが増大する恐れがある。

上記事項を解決するために，開発された手法の一つがXMLスキーマである。**XMLスキーマ**とは，XML文書の論理的構造を定義するものであり，XMLスキーマ自体もXML文書である。そのため，XML宣言と，XMLインスタンスのおもに2部により構成される。XMLスキーマは，XMLとしてどのような構造としたいのか任意に定義可能である。**コード13**に，XML文書例とその XMLスキーマ例を示し，順次説明する。

コード13

```
＜XML　例＞
<?xml version="1.0"　encoding="UTF-8"?>
<country xmlns:xsd="http://www.w3.org/2001/XMLSchema" name="Japan">
  <prefecture>
    <name>Tokyo</name>
    <size_km2>2194</size km2>
  </prefecture>
  <prefecture>
    <name>Aichi</name>
```

```
    <size_km2>5173</size km2>
  </prefecture>
</country>
```

＜XML スキーマ　例＞

```
<?xml version = "1.0"  encoding = "UTF-8"?>
<xsd: schema xmlns: xsd="http://www.w3.org/2001/XMLSchema">

<xsd:element name="country" minOccurs="1" maxOccurs="unbounded"
type="tCountry"/>

  <xsd:complexType name="tCountry">
    <xsd:sequence>
      < xsd:element name="prefecture" minOccurs="1" maxOccurs="unbounded"
type="tPrefecutre"/>
    </xsd:sequence >
  </xsd:complexType>

  <xsd:complexType name="tPrefecture">
    <xsd:sequence>
      < xsd:element name="name" type="xsd:string"/>
      < xsd:element name="size_km2"  type="xsd:integer"/>
    </xsd:sequence >
  </xsd:complexType>

</xsd:element>
```

A.2.1 XML スキーマとしての名前空間の指定

コード 13 の XML スキーマ例にもあるとおり，「**xsd: schema** xmlns: xsd="http://www.w3.org/2001/XMLSchema"」のように記述し，XML スキーマとしての名前空間であることを指定している。

A.2.2 XML と XSD の関連付け

XML スキーマも XML にて記述する。そのため，XML 文書の文法も XML スキーマによって任意に構築が可能である。

A.1節に登場するXML文書例のXMLスキーマ例を以下に示す。解説用に作成した文法は**コード14**のとおりである。

コード14

```
<xsd:element name="country" minOccurs="1" maxOccurs="unbounded"
type="tCountry"/>
```

"element"（要素）の名称は"country"であり，最小出現回数は1，当該要素のtype（型）は，"tCountry"に基づくことを表現している。ここで，**コード15**について"tCountry"としての定義を見てみよう（なお，tCountryなどの属性名称は任意に変更可能であり，本例は一例にすぎない）。

コード15

```
<xsd:complexType name="tCountry">
    <xsd:sequence>
      < xsd:element name="prefecture" minOccurs="1" maxOccurs="unbounded"
type="tPrefecture"/>
    </xsd:sequence >
</xsd:complexType>
```

tCountryは，"complexType"（複雑型要素）であることや，"prefecture"という名称の子要素を持つことが表現されている。ここで，"complexType"は，複数の子要素を有したい場合や要素の出現順序を定義したい場合に使用される。"element"（要素）の名称は"prefecture"であり，最小出現回数は1，最大出現回数は制限なしであることを表現している。また，当該要素のtype（型）は，"tPrefecture"に基づくことを表現している。つぎに，**コード16**の"tPrefecture"としての定義を見てみよう。

コード 16

```
<xsd:complexType name="tPrefecture">
  <xsd:sequence>
      < xsd:element name="name"" type="xsd:string"/>
      < xsd:element name="size_km2"  type="xsd:integer"/>
  </xsd:sequence >
</xsd:complexType>
```

tPrefecture も，“complexType”（複雑型要素）であることが表現されており，“name” という名称の子要素と “size_km2” という名称の子要素を持つことが表現されている。子要素の属性は両方とも “maxOccurs” および “minOccurs” の記載がない。このような表現の場合は必ず要素を持たなければならない。また，もう一つの属性はそれぞれ type=“xsd:string” と type=“xsd:integer” である。前者は文字列，後者は整数の型で，それぞれの要素の内容（値）が定義される。

以上のように，XML として，データがどのような要素，属性，型で構成されるのかという構造を XML スキーマにて定義するのである。

引用・参考文献

1) Extensible Markup Language (XML) 1.0 (Fifth Edition), W3C　(2024 年 11 月現在)
2) Extensible Markup Language (XML) 1.1 (Second Edition) , W3C　(2024 年 11 月現在)
3) XML in 10 points, W3C　(2024 年 11 月現在)
4) JIS X 4159；拡張可能なマーク付け言語 (XML) 1.0, JISC　(2024 年 11 月現在)

付録 B UML について

UML は，ソフトウェアの分析，設計，実装などシステム開発に必要なモデリング手法の一つであるとともに，図法である。UML の利用目的は，ソフトウェアの仕様（データの構造や振舞いなど）を可視化，または表現方法の統一を実現させることにある。複雑なソフトウェアやシステム仕様の説明や表現方法が各個人や組織により異なっていた場合，認識のすり合わせに時間を要する可能性，解釈の違いによるミスの発生を招くおそれがある。一方で，UML として複雑なソフトウェアやシステム仕様が統一された図法で表現されていれば，前述の課題が解消され，解釈が一意に決定される。また，UML により各母国語やシステムの理解度に依存せず，かつ専門的な知識がなくとも，システムの仕組みや構造を共有できるようになる。

以上のように，UML はソフトウェア設計やシステム開発の際の効率化に寄与するべく規定された言語（図法）である。

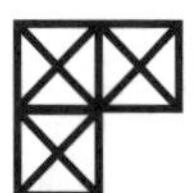

B.1 UML による構造表現

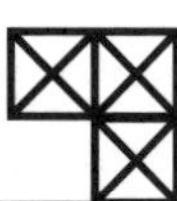

B.1.1 UML の 概 要

UML（Unified Modelling Language）とは，**OMG**（Object Management Group）により管理・制定されるオブジェクト指向分析，設計においてシステムをモデル化する際の図の記載方法などを規定した言語である[1)～3)]。“言語”と表現されるが，図法である（UML 対応ソフトで図を描画すれば，そのままコードに落とし込めるという意味で言語と表現する）。**表 B.1** に示すように UML にて

表 **B**.1 UMLにて規定されるダイアグラム

	ダイアグラム	目的
構造に関する表現	クラス図 (class diagram)	クラス構造を表現。
	オブジェクト図 (object diagram)	クラスをより具体化したオブジェクトを表現。
	パッケージ図 (package diagram)	クラスなどをグループ化し整理した関係を表現。
	コンポジット構造図 (composite structure diagram)	クラスやコンポーネントの内部構造を表現。
	コンポーネント図 (component diagram)	コンポーネントの内部構造およびコンポーネント間の依存関係を表現。
	配置図 (deployment diagram)	システムを構成する物理的な装置のつながりを表現。
振舞いに関する表現	ユースケース図 (use case diagram)	要求仕様や機能などシステムの振舞いを表現。
	アクティビティ図 (activity diagram)	システムの実行における処理・動作の流れを表現。
	ステートマシン図 (state machine diagram)	オブジェクトがイベントにより引き起こされる状態や状態遷移を表現。
	シーケンス図 (sequence diagram)	クラスやオブジェクト間の応答を時系列で表現。
	コミュニケーション図 (communication diagram)	クラスやオブジェクト間の関連と応答を表現。
	相互作用概要図 (interaction overview diagram)	相互作用図（ユースケース図やシーケンス図など）を構成要素として，より広域な処理の流れを表現。
	タイミング図 (timing diagram)	クラスやオブジェクトの状態遷移を時系列で表現。

規定されている図は，ダイアグラムと呼ばれ，複数種類が存在する。

IEC 61850-6では，クラス図により，オブジェクトの概念や静的なクラス間相互関係を表現し，XSDファイルへの落とし込みを実施している。また，IEC 61850全般において，UMLによる表現が多用されており，クラス図のほかに，ユースケース図やシーケンス図が登場する。本付録では，上記のクラス図およびユースケース図，シーケンス図の読み方について説明する。

B.1.2 UMLクラス図の表現

クラス図はクラス名，属性，操作が記述される（属性，操作は省略可能）。クラス図の構成を**図 B.1**に示す。

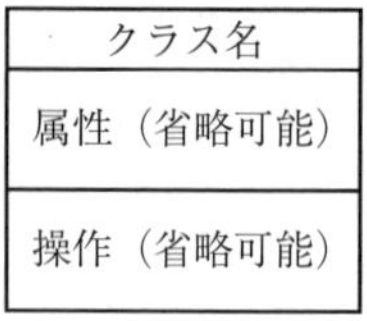

クラス名
属性（省略可能）
操作（省略可能）

図B.1　クラス図の構成

属性および操作の形式は以下のとおりである。

- 属性の形式：

  可視性　名前：型[出現回数] = 初期値{制約条件}　※名前以外は省略可能
- 操作の形式：

  可視性　名前（引数の名前：引数の型）：戻り値の型　※名前以外は省略可能

ここで，可視性には4種類の意味がある。可視性の意味を**表B.2**に示す。

表B.2　可視性の意味

表記	意味
+	public：どこからでも参照可能
#	protected：自クラス内および派生クラスから参照可能
-	private：自クラス内のみ参照可能
~	package：パッケージ内で参照可能

また，クラス間の相互関係を線形で表現することができる。線形の意味を**表B.3**に示す。

表B.3　線形の意味

表記	意味	備考
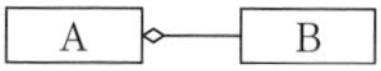 A ◇── B	集約（BはAに含まれる）	・Aが削除されても，Bは削除されない ・一つのBが複数のAに所属することができる
 A ◆── B	コンポジション（BはAに含まれる）	・Aが削除されると，Bも削除される ・一つのBが複数のAに所属することはない
 A ──> B	関連（Aの属性としてBを持っている）	
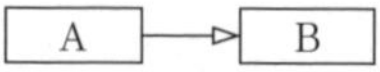 A ──▷ B	汎化（AはBの型を継承している）	

線形の端に数字を書くことで，関係する数を表現する。これを多重度と呼ぶ。多重度の意味を**表 B.4** に示す。

表 B.4　多重度の意味

表記	意味	例
n	値のとおり	Aの属性としてBを1以上持っている 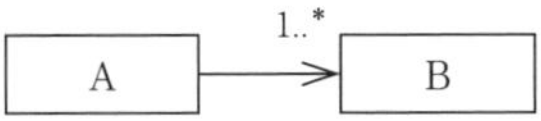
0..*	0以上	1..*
1..*	1以上	A → B
m..n	mからnまで	

B.1.3　UMLユースケース図の表現

ユースケース図は，ユーザ視点でシステムの利用例を表現する手法である。シンプルな図でシスユーザや範囲を視覚化し，ユーザの要求の明確化のために利用される。ユースケース図で使用する要素を**表 B.5** に示す。また，ユースケース図の例を**図 B.2** に示す。

表 B.5　ユースケース図で使用する要素

要素	概要	記述
アクタ	システムに関連する人や組織，連携する外部システムを表す。外部システムなど人以外の場合も人型のオブジェクトで表現する。	 アクタ名
ユースケース	アクタによるシステムの利用ケースを表す。	 ユースケース
関連	アクタとユースケース間の関連を表す。	
汎化	オブジェクト間で汎化関係が成立することを表す。	
包含	オブジェクト間で包含関係が成立することを表す。	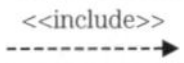 <<include>>
拡張	拡張するユースケースを表現する際に使用する。	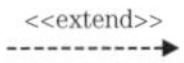 <<extend>>
サブジェクト	システムの範囲を表す。	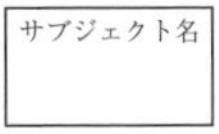 サブジェクト名
パッケージ	サブジェクト内の複数のユースケースの集まりを表す。	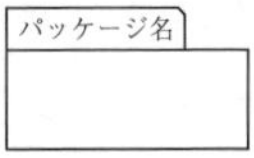 パッケージ名
ノート	ユースケース図内のメモ書きを表す。	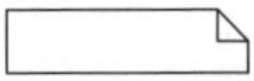

図 B.2 は，架空の人事システムを例にしたユースケース図である。アクタとして，登録担当者・契約社員・管理者が登場する。契約社員と登録担当者は

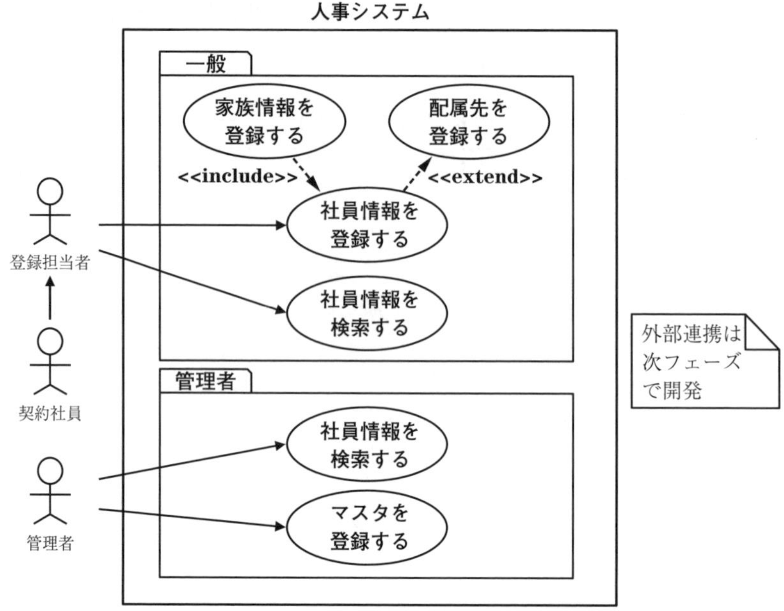

図 **B**.2　ユースケース図例：人事システム

汎化関係にあり，契約社員が登録担当者であることを表す。人事システムには，一般と管理者のパッケージが存在し，それぞれの利用例があることを表す。一般の利用例では，登録担当者が社員情報を登録・検索を行う。一方，管理者の利用例では，社員情報の検索，マスタの登録を行うことを表す。一般の利用例における社員情報の登録には，包含と拡張の関係が示されている。それぞれ，家族情報の登録は社員情報の登録の一部であること，社員情報の登録の延長に配属先の登録という利用例があることを表す。

B.1.4　UMLシーケンス図の表現

シーケンス図は，システムの概要・仕様・処理の流れを時間軸に沿って表現する手法である。プログラムの処理概要の整理や，ユーザとのシステムイメージの共有に利用される。シーケンス図で使用する要素を**表 B.6** に示す。また，シーケンス図の例を**図 B.3** に示す。

表 B.6　シーケンス図で使用する要素

要素		概要	記述
ライフライン		使用するオブジェクト，クラスを表現する。どちらか一方の記載でもよい。	オブジェクト名：クラス名
実行仕様		生成されているライフラインが実行状態であることを表す。	
停止		生成されたライフラインの消滅を表す。	×
メッセージ	同期	処理先にメッセージが同期されることを表す。	メッセージ名
	非同期	処理先にメッセージが同期されないことを表す。	メッセージ名
	応答	処理先のライフラインから送り手への戻り値を表す。	メッセージ名
	ファウンド	図にない送り手から送信されたことを表す。	
	ロスト	意図した処理先に送信できていないことを表す。	

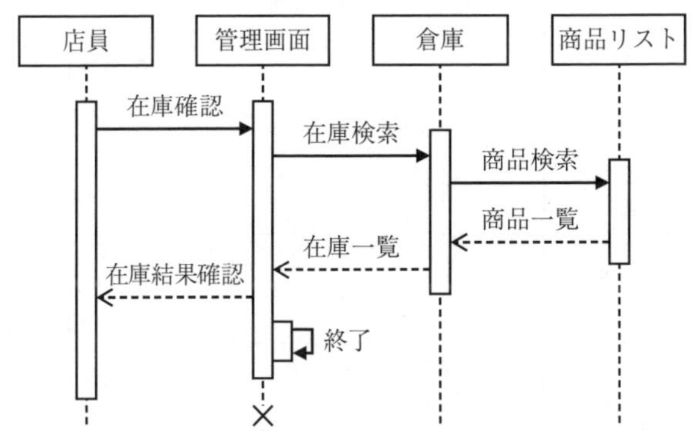

図 B.3　シーケンス図例：在庫管理システム

図 B.3 は，架空の在庫管理システムを例にしたシーケンス図である。オブジェクトとして，店員・管理画面・倉庫・商品リストがある。店員が在庫確認をするために管理画面を立ち上げ，在庫検索・商品検索を行うと，その応答として商品一覧，在庫一覧が示され，店員は在庫結果を確認することができることを表す。また，管理画面の終了処理をすることで，管理画面の実行は停止されることを表す。

シーケンス図では，制御構造を表現するために，複合フラグメントを使用する。複合フラグメントの種類および記述を**表 B.7** に示す。

表 B.7 複合フラグメントの種類および記述

要素	読み	概要	記述
ref	相互作用使用 (interaction use)	別のシーケンス図を参照することを表す。	ref 別のシーケンス図名
alt	オルタナティブ (alterative)	分岐処理を表す。 分岐する各処理は点線で区切り，選択条件を［ ］内に記述する。	alt ［条件 A］ ［条件 B］
opt	オプション (option)	条件を満たした場合のみ実行される処理を表す。 処理が行われる条件は，［ ］内に記述する。	opt ［条件］
par	パラレル (parallel)	並列処理を表す。 並列で行われる各処理は，点線で区切る。	par
loop	ループ (loop)	ループ（繰り返し）処理を表す。 ループ回数は，loop［開始，終了］(開始，終了共に省略可能）の書式で指定する。	loop［開始，終了］
break	ブレイク (break)	処理の中断を表す。 中断する条件は，［ ］内に記述する。	break ［条件］
critical	クリティカル (critical)	排他制御を表す。	critical
assert	アサーション (assert)	処理が妥当であるための定義を表す。 妥当性を定義する内容は，{ } 内に記述する。	assert {妥当性を定義する内容}
neg	否定 (negation)	本来，実行されるはずがない処理であることを表す。	neg
ignore	無効 (ignore)	重要な処理ではないことを表す。 無効とするメッセージは ignore {メッセージ名，…} の書式で指定する。	ignore {メッセージ名}
consider	有効 (consider)	重要な処理であることを表す。 有効とするメッセージは consider {メッセージ名，…} の書式で指定する。	consider {メッセージ名}

引用・参考文献

1）　OMG Unified Modeling Language (OMG UML), Superstructure, V2.1.2（2007）

2）　UML 超入門 http://objectclub.jp/technicaldoc/uml/umlintro（2024 年 11 月現在）

3）　UML 入門　IT 専科 https://www.itsenka.com/contents/development/uml/（2024 年 11 月現在）

索　　引

―― 編者・著者略歴 ――

天雨　徹（あまう　とおる）
1980年　中部電力株式会社（現 中部電力パワーグリッド株式会社）入社
2015年　名古屋工業大学大学院工学研究科博士後期課程修了（情報工学専攻），博士（工学）
2015年　名古屋工業大学客員准教授（併任）
2022年　愛知工業大学非常勤講師（併任）
2023年　中部電力パワーグリッド株式会社退職
　　　　中部電力パワーグリッド株式会社送変電部アドバイザー（併任）
　　　　東京都市大学教授
　　　　現在に至る
2024年　中部大学非常勤講師（併任）
現職では，おもに保護制御装置に関する研究に従事。電気学会上級会員。技術士（電気電子部門）。電気学会保護リレーシステム技術委員会委員長。電気協同研究「再生可能エネルギー電源の導入拡大等の環境変化に伴う保護・制御システムの課題と対策」専門委員会委員長。

坂　泰孝（さか　やすたか）
2014年　名古屋工業大学大学院工学研究科博士前期課程修了（創成シミュレーション工学専攻）
　　　　中部電力株式会社（現 中部電力パワーグリッド株式会社）入社
　　　　現在に至る
2018年　一般財団法人電力中央研究所出向（～2020年）
現職では，おもに保護制御装置（交流設備・直流設備（周波数変換設備：東清水FC））の設計・開発・施工に従事。電気学会会員。IEC TC57 WG10 エキスパート。

IEC 61850 システム構成記述言語 SCL
— 電力システム設計者のための解説と記述例 —
IEC 61850 System Configuration Description Language SCL

2025年1月6日　初版第1刷発行 ★

検印省略

編　　者　天　雨　　　徹
著　　者　坂　　　泰　孝
発 行 者　株式会社　コ ロ ナ 社
　　　　　代 表 者　牛 来 真 也
印 刷 所　新 日 本 印 刷 株 式 会 社
製 本 所　有限会社　愛 千 製 本 所

112-0011　東京都文京区千石 4-46-10
発 行 所　株式会社　**コ　ロ　ナ　社**
CORONA PUBLISHING CO., LTD.
Tokyo Japan
振替00140-8-14844・電話(03)3941-3131(代)
ホームページ　https://www.coronasha.co.jp

ISBN 978-4-339-00993-4　C3054　Printed in Japan　(田中)